21世纪普通高校计算机公共课程系列教材

计算机应用基础
简明教程 Windows 10+Office 2016

张开成 主 编
吴迪 蒋传健 副主编

清华大学出版社
北京

内 容 简 介

本书是在全国计算机等级考试最新大纲要求指导下,在 21 世纪普通高校计算机公共课程规划教材《大学计算机基础》连续使用 8 年的基础上修编而成的。修编后本书仍延续前面各版的风格,以普及计算机基础知识为指导思想,以实战够用为度,通过简练易懂的语言和经典案例对计算机基础知识和基本应用进行了详细阐述。经修编后,全书共 6 章,仅包括计算机基础知识的三大模块:计算机基本知识模块(包括网络基础与应用),Windows 10 操作系统模块和 Office 2016 应用软件模块的应用。

本书的最大亮点和特色就是彻底改变了传统的教材编写模式,用丰富的新形态资源库作为无纸化载体,将理论和实验合编,真正实现了理论实验一体化教学。本书思路清晰、文字简练、结构合理、内容全面丰富,使得教学双方易上手。

本书不仅可以作为高等学校各专业计算机基础课程的教材,以及全国计算机等级考试(一级)、(二级 Office)的参考用书和相关培训的教材,还可以作为广大计算机爱好者的自学用书。

版权所有,侵权必究。举报: 010-62782989,beiqinquan@tup.tsinghua.edu.cn。

图书在版编目(CIP)数据

计算机应用基础简明教程:Windows 10+Office 2016 / 张开成主编. -- 北京:清华大学出版社,2025.4.
(21 世纪普通高校计算机公共课程系列教材). -- ISBN 978-7-302-69021-4

Ⅰ. TP316.7;TP317.1

中国国家版本馆 CIP 数据核字第 2025NN5861 号

责任编辑:贾 斌
封面设计:刘 键
责任校对:刘惠林
责任印制:刘 菲

出版发行:清华大学出版社
网　　址:https://www.tup.com.cn,https://www.wqxuetang.com
地　　址:北京清华大学学研大厦 A 座　　邮　编:100084
社 总 机:010-83470000　　邮　购:010-62786544
投稿与读者服务:010-62776969,c-service@tup.tsinghua.edu.cn
质量反馈:010-62772015,zhiliang@tup.tsinghua.edu.cn
课件下载:https://www.tup.com.cn,010-83470236

印 装 者:大厂回族自治县彩虹印刷有限公司
经　　销:全国新华书店
开　　本:185mm×260mm　　印　张:13.25　　字　数:325 千字
版　　次:2025 年 6 月第 1 版　　印　次:2025 年 6 月第 1 次印刷
印　　数:1~2000
定　　价:49.00 元

产品编号:103323-01

前 言

本书延续前面各版的风格,进一步妥善处理了知识的深度与广度、理论与实践两大重要关系,继续保持内容新颖、体系完整、结构清晰以及面向应用、突出技能等特色。

1. 知识的深度与广度

进一步考虑到学生的基础和当前社会对大学生计算机基本素质和基本能力的要求,同时还考虑到目前普通高校计算机基础课程课时的设置,我们在编写过程中删除了部分教学内容。

第1章 计算机基本知识,主要介绍计算机的发展、分类与应用,计算机系统的组成及工作原理,数据在计算机中的表示。

第2章 Windows 10 操作系统,主要介绍操作系统的基本概念,Windows 10 的基本知识和基本应用。

第3章 Word 2016 文字处理软件,第4章 Excel 2016 电子表格处理软件和第5章 PowerPoint 2016 演示文稿制作软件,主要介绍 Office 2016 中3个基本组件的功能与应用。

第6章 计算机网络基础与应用,主要介绍计算机网络的基本概念和常见应用。

2. 理论与实践

"计算机应用基础"是一门实践性、操作性很强的课程。实践环节的教学主要是通过例题讲解、实验训练和课后练习3个基本教学环节来完成的,例题讲解和实验训练基本上是在计划课时内完成的,所以设置多少例题和实验题、设置什么内容才能做到有的放矢,保证在有限课时内完成教学任务并达到课程教学大纲的要求,显得尤为重要。为解决好这一问题,我们改变了传统的教材编写模式,用丰富的新形态资源库作为载体,将理论和实验融合,并充分考虑课时安排及完成这些例题讲解和实验训练所需的工作量,我们编写组的同志用了大量的时间和精力对教学中的每个例题和实验题进行了精心挑选和设计,使其具有充分的代表性、知识覆盖性和可操作性,即经典案例。这样做便于对教学内容统筹安排,克服教学中的盲目性和重复性,无论是老师讲解例题还是学生实验训练都能充分、有效地利用有限的教学课时和教学资源提高课堂教学效果。

3. 新形态资源库

随着计算机网络的快速发展和普及,微型计算机、智能手机等上网工具随处可见,为方便学生能随时随地快速获取知识和掌握基本应用技能,本书配备了如下几种资源。

(1) 教学课件:以演示文稿的形式展示课堂教学内容。

(2) 教学资源库:为不增加本书篇幅,我们将每章需要完成的必做实验题目(包括任务描述)以习题的形式放于每章末尾,实验需要完成的操作步骤即习题解答、实验所需素材和实验结果的样张均放于每章的电子版教学资源库中,标有"实验"二字的习题为每章的必做实验题。为充分调动学生的学习积极性和主动性，每章还增设了足量的扩展习题及解答，均放于各章的教学资源库中。需要进行课后练习和自我测试的学生，可进入各章的教学资源库中查找。

(3) 课程教学指南：包括《课程教学大纲》和《课程知识点导航》，均放于教学资源库中。

(4) 扩展的教学资源库，即全国计算机等级考试(二级 Office)理论测试题库，包括如下内容。

① 《计算机基础知识测试》(350 道题)；

② 《软件工程与程序设计测试》(158 道题)；

③ 《数据结构与算法测试》(222 道题)；

④ 《数据库设计基础测试》(164 道题)。

以上这些题目均明确地给出了参考答案及解析，由于这部分内容超出了教学大纲范围，故把它放于扩展的教学资源库中，供参加全国计算机等级考试(二级 Office)的学生使用。

为配合各用书高校的教学，需要有关资料的教师可访问清华大学出版社的网站，进入相关网页下载资源。

限于编者的水平，书中难免有不妥之处，恳请读者不吝赐教。

张开成

2025 年 3 月

目 录

第 1 章　计算机基本知识 ·· 1
 1.1　计算机概述 ··· 1
  1.1.1　计算机的起源与发展 ··· 1
  1.1.2　计算机和计算机技术的发展趋势 ································ 2
  1.1.3　计算机的特点、分类与应用 ······································· 3
 1.2　计算机系统组成及工作原理 ··· 7
  1.2.1　计算机系统的基本组成 ··· 7
  1.2.2　计算机硬件系统 ··· 8
  1.2.3　计算机软件系统 ··· 13
  1.2.4　计算机的工作原理 ·· 15
  1.2.5　计算机系统的性能指标 ··· 16
 1.3　计算机中的信息表示 ·· 17
  1.3.1　数制与转换 ·· 17
  1.3.2　二进制数及其运算 ·· 19
  1.3.3　计算机中的常用信息编码 ······································· 21
 习题 1 ·· 23

第 2 章　Windows 10 操作系统 ·· 25
 2.1　操作系统和 Windows 10 ·· 25
  2.1.1　操作系统概述 ··· 25
  2.1.2　Windows 10 的新特性 ··· 26
 2.2　Windows 10 的基本元素和基本操作 ································ 27
  2.2.1　Windows 10 的基本元素 ·· 27
  2.2.2　Windows 10 的基本操作 ·· 33
 2.3　Windows 10 的文件管理 ·· 38
  2.3.1　文件和文件夹的基本概念 ······································· 38
  2.3.2　文件资源管理器 ··· 39
  2.3.3　文件和文件夹的常见操作 ······································· 40
 2.4　Windows 10 的磁盘维护 ·· 45
  2.4.1　磁盘清理 ·· 46

2.4.2　整理磁盘碎片 46
　习题2 47

第3章　Word 2016 文字处理软件 51

　3.1　Word 2016 概述 51
　　3.1.1　Word 2016 的基本功能 51
　　3.1.2　Word 2016 窗口界面 51
　　3.1.3　文档视图 53
　3.2　Word 2016 基本操作 53
　　3.2.1　文档的创建与保存 54
　　3.2.2　输入文档 54
　　3.2.3　编辑文档 57
　3.3　Word 文档的基本排版 61
　　3.3.1　设置文字格式 61
　　3.3.2　设置段落格式 62
　　3.3.3　设置页面格式 69
　3.4　Word 文档的高级排版 75
　　3.4.1　分栏 75
　　3.4.2　首字下沉 76
　　3.4.3　插入脚注和尾注 76
　　3.4.4　编辑长文档 78
　　3.4.5　邮件合并 80
　3.5　Word 2016 表格处理 83
　　3.5.1　建立表格 83
　　3.5.2　编辑表格 84
　　3.5.3　格式化表格 85
　　3.5.4　表格中的数据统计和排序 89
　3.6　Word 2016 图形处理 91
　　3.6.1　绘制图形和插入图片 91
　　3.6.2　图片编辑、格式化和图文混排 92
　　3.6.3　使用文本框 95
　　3.6.4　插入艺术字和插入 SmartArt 图形 97
　　3.6.5　设置水印 99
　习题3 100

第4章　Excel 2016 电子表格处理软件 103

　4.1　Excel 2016 概述 103
　　4.1.1　Excel 2016 的基本功能 103
　　4.1.2　Excel 2016 的窗口界面 104

4.2 Excel 2016 的基本操作 ····· 106
　　4.2.1 工作表的基本操作 ····· 106
　　4.2.2 在工作表中输入数据 ····· 108
　　4.2.3 编辑工作表 ····· 111
　　4.2.4 格式化工作表 ····· 113
4.3 Excel 2016 的数据计算功能 ····· 118
　　4.3.1 使用公式 ····· 118
　　4.3.2 使用函数 ····· 121
　　4.3.3 常见出错信息及解决方法 ····· 128
4.4 Excel 2016 的图表 ····· 130
　　4.4.1 图表概述 ····· 130
　　4.4.2 创建初始化图表 ····· 131
　　4.4.3 图表的编辑和格式化设置 ····· 133
4.5 Excel 2016 的数据处理功能 ····· 136
　　4.5.1 数据清单 ····· 136
　　4.5.2 数据排序 ····· 137
　　4.5.3 数据的分类汇总 ····· 138
　　4.5.4 数据的筛选 ····· 140
　　4.5.5 数据透视表 ····· 144
习题 4 ····· 146

第 5 章　PowerPoint 2016 演示文稿制作软件 ····· 148

5.1 演示文稿制作软件概述 ····· 148
　　5.1.1 PowerPoint 2016 窗口界面和文档视图 ····· 148
　　5.1.2 创建和保存演示文稿 ····· 150
5.2 编辑演示文稿 ····· 151
　　5.2.1 编辑幻灯片 ····· 151
　　5.2.2 在幻灯片中插入多媒体对象 ····· 153
5.3 美化演示文稿 ····· 159
　　5.3.1 使用幻灯片母版 ····· 159
　　5.3.2 使用主题 ····· 160
　　5.3.3 使用自定义功能 ····· 162
5.4 演示文稿的动画效果 ····· 164
　　5.4.1 幻灯片间切换的动画效果 ····· 164
　　5.4.2 幻灯片中对象的动画效果 ····· 166
5.5 演示文稿的放映与打包 ····· 171
　　5.5.1 演示文稿的放映 ····· 171
　　5.5.2 演示文稿的打包 ····· 173
习题 5 ····· 174

第 6 章 　计算机网络基础与应用 ……………………………………………………… 178

6.1 　计算机网络概述 …………………………………………………………… 178
6.1.1 　计算机网络的定义 …………………………………………………… 178
6.1.2 　计算机网络的发展 …………………………………………………… 180
6.1.3 　计算机网络的分类 …………………………………………………… 181
6.1.4 　计算机网络的组成 …………………………………………………… 183

6.2 　Internet 基础知识 ………………………………………………………… 186
6.2.1 　Internet 的概述 ……………………………………………………… 186
6.2.2 　IP 地址和域名系统 ………………………………………………… 187
6.2.3 　Internet 提供的服务 ………………………………………………… 189
6.2.4 　Internet 的接入技术 ………………………………………………… 190

6.3 　Internet 应用 ……………………………………………………………… 191
6.3.1 　WWW 信息资源和浏览器的使用 …………………………………… 191
6.3.2 　电子邮件 ……………………………………………………………… 195

6.4 　网络安全 …………………………………………………………………… 199
6.4.1 　网络病毒和黑客概述 ………………………………………………… 199
6.4.2 　防范网络病毒和黑客攻击 …………………………………………… 200

习题 6 ……………………………………………………………………………… 201

参考文献 …………………………………………………………………………… 204

第 1 章　　计算机基本知识

　　计算机是 20 世纪 40 年代人类最伟大的科技发明之一,也是现代科技史上最辉煌的成果,它的出现标志着人类文明进入了一个崭新的阶段。如今,计算机的应用已渗透到社会的各个领域,它不仅改变了人类社会的面貌,而且正改变着人们的工作、学习和生活方式。处在 21 世纪的今天,掌握计算机的基础知识及应用能力,是现代大学生必备的基本素养。

学习目标
- 了解计算机的发展史、特点、分类及应用领域。
- 理解计算机系统的组成、计算机的性能和技术指标。
- 熟悉 4 种进位计数制、ASCII 码,掌握汉字编码及转换。

1.1　计算机概述

　　计算机是一种能够在其内部指令的控制下运行,并能够自动、高速和准确地处理信息的现代化电子设备。1946 年,世界上第一台计算机诞生,迄今已有 70 多年历史。如今,计算机的应用非常广泛,包括工业、农业、科技、军事、文教卫生和家庭生活等各个领域,已成为当今社会人们分析问题和解决问题的重要工具。

1.1.1　计算机的起源与发展

　　计算机最初是为了计算弹道轨迹而研制的。世界上第一台计算机 ENIAC 于 1946 年诞生于美国宾夕法尼亚大学,该机的主要元件是电子管,重量达 30t,占地面积约 170m^2,功率为 150kW,运算速度为 5000 次/s。尽管它是一个庞然大物,但由于是最早问世的一台数字式电子计算机,所以人们公认它是现代计算机的始祖。这个庞然大物被人们称作 ENIAC,如图 1-1 所示。在研制 ENIAC 的同时,另外两位科学家冯·诺依曼与莫里斯·威尔还合作研制了 EDVAC,它采用存储程序方案,即程序和数据都存储在内存中,此种方案沿用至今。所以,现在的计算机都被称为以存储程序原理为基础的冯·诺依曼型计算机。

　　半个多世纪以来,计算机的发展突飞猛进。从逻辑器件的角度来看,计算机已经历了如表 1-1 所示的 4 个发展阶段。

图 1-1　世界第一台计算机 ENIAC

表 1-1　计算机发展的 4 个阶段

阶　　段	第　一　代	第　二　代	第　三　代	第　四　代
起止年份	1946—1958	1958—1964	1964—1970	1971年至今
逻辑器件	电子管	晶体管	集成电路	大规模/超大规模集成电路
代表机型	IBM 700 系列	IBM 7000 系列	IBM 360 系列	IBM 4300 Pentium 系列
运算速度	几千次每秒	几十万次每秒	几百万次每秒	亿亿次每秒
应用领域	军事领域 科学计算	数据处理 工业控制	文字处理 图形处理	各个领域

1.1.2　计算机和计算机技术的发展趋势

1. 计算机的发展趋势

从采用的逻辑器件来看,目前计算机的发展仍处于第四代水平。尽管计算机还将朝着微型化、巨型化、网络化、人工智能化和多媒体化方向发展,但在体系结构方面没有什么大的突破,所以仍被称为冯·诺依曼型计算机。人类的追求是无止境的,我们从没有停止过研究性能更好更快、功能更强的计算机。从目前的研究情况来看,未来新型计算机将可能在以下 3 方面取得重大的革命性突破。

(1) 光计算机:利用光作为传输媒介的计算机。具有超强的并行处理能力和超高速的运算速度,是现代计算机望尘莫及的。目前光计算机的许多关键技术,如光存储技术、光存储器、光电子集成电路等都已取得重大突破。

(2) 生物计算机:采用生物工程技术产生的蛋白质分子构成生物芯片。在这种芯片中,信息以波的形式传播,运算速度比当今最新一代计算机快 10 万倍,能量消耗仅相当于普通计算机的 1/10,并且拥有巨大的存储能力。

(3) 量子计算机:遵循量子力学规律进行运算的计算机。量子计算机的特点包括运算速度较快、信息处理能力较强、应用范围较广等。2020 年 12 月,中国科学技术大学的潘建伟等人成功构建了 76 个光子的量子计算原型机"九章",求解数学算法高斯玻色取样只需 200s。

2. 计算机技术的发展趋势

计算机技术是指计算机领域中所运用的技术方法和技术手段,以及其硬件技术、软件技术及应用技术。计算机技术具有明显的综合特性,它与电子工程、应用物理、机械工程、现代通信技术和数学等紧密结合,发展很快。非接触式人机界面、原创内容、多人在线、物联网、人工智能计算机、云计算和大数据将是未来计算机技术的发展趋势。

(1) 非接触式人机界面:从微软的 Kinect 到苹果公司的 Siri,再到谷歌眼镜,我们开始期待在未来可以用完全不同的方式操作计算机。随着空间感知和生物识别技术的发展,在未来 10 年里,人机交互将变得越来越简单。

(2) 原创内容:在过去的几年中,计算机技术已变得更加本地化、移动化,同时也更具有社交性,未来的数字化战场将转移到消费者的客厅里。一种新兴的战略是开发原创节目,以吸引和保持用户群。

（3）多人在线：在过去的 10 年里，大型多人在线游戏十分流行。与传统的计算机游戏不同，多人在线游戏不是让游戏玩家简单地与计算机比赛，而是与其他许多人在线 PK（"PK"源于网络游戏中的"Player Killing"），这种游戏引人入胜。现在，多人在线生活已经不限于游戏和聊天，美国在线教育网站 Khan Academy 提供成千上万的教育规则，任何达到入学年龄的孩子都可以在线学习各种学科的课程。该网站开发的"大型网上开放课程（MOOC）"可以向用户免费提供大学教育课程。

（4）物联网：物联网（Internet of Things，IoT）即"万物相连的互联网"，是在互联网基础上进行延伸和扩展，将各种信息传感设备与网络结合起来而形成一个巨大网络，实现任何时间、任何地点，人、机、物的互联互通。物联网技术的发展，意味着我们接触的几乎任何物体都可以变成一个计算机终端并与我们的智能手机实现联接，移动支付、智能交通、环境保护、政府工作、公共安全、平安家居、智能消防等都是物联网的应用领域。

（5）人工智能计算机：是使计算机模拟人的某些思维过程和智能行为（如学习、推理、思考、规划等）的学科，主要包括探索计算机实现智能的原理、制造类似人脑智能的计算机，使计算机能够实现更高层次的应用。许多人工智能公司都在为将自然语言处理与大数据系统在云中结合起来而努力。这些大数据系统将比我们最好的朋友更了解我们，它们不但包含人类的所有知识，更将与整个物联网相联接。IBM 的超级计算机沃森（Watson）就是这方面的第一个成果。

（6）云计算和大数据。

云计算是将传统的 IT 工作转到以网络为依托的云平台运行，NIST（美国国家标准与技术研究院）在 2011 年下半年公布了云计算定义的最终稿，给出了云计算模式所具备的 5 个基本特征（按需自助服务、广泛的网络访问、资源共享、快速的可伸缩性和可度量的服务）、3 种服务模式［SaaS（软件即服务）、PaaS（平台即服务）和 IaaS（基础设施即服务）］和 4 种部署方式（私有云、社区云、公有云和混合云）。从使用和收费的层面而言，云计算遵循按需使用、按需付费的规则。

大数据是一种规模大到在获取、存储、管理、分析方面大大超出了传统数据库软件工具能力范围的数据集合，具有海量的数据规模、快速的数据流转、多样的数据类型和价值密度低 4 大特征。

云计算和大数据是相辅相成的关系。从应用角度来讲，大数据离不开云计算，因为大规模的数据运算需要很多计算资源；大数据是云计算的应用案例之一，云计算是大数据的实现工具之一。大数据是一种移动互联网和物联网背景下的应用场景，各种应用产生的巨量数据需要处理和分析，从中挖掘有价值的信息；云计算是一种技术解决方案，利用这种技术可以解决计算、存储、数据库等一系列 IT 基础设施的按需构建的需求。两者并不是同一个层面的东西。

人工智能、物联网、大数据和云计算之间的关系如图 1-2 所示。

1.1.3 计算机的特点、分类与应用

1. 计算机的特点

计算机是一种可以进行自动控制、具有记忆功能的现代化计算工具和信息处理工具。计算机之所以具有很强的生命力并得以飞速发展，是因为其本身具有诸多特点，具体体现在

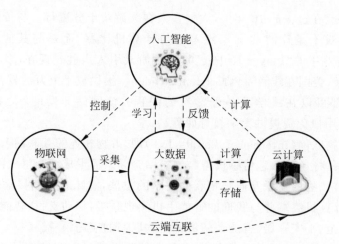

图 1-2 人工智能、物联网、大数据和云计算之间的关系

以下几方面。

(1) 运行速度快,计算能力强。

运算速度是衡量计算机性能的重要指标之一。计算机的运算速度指的是单位时间内所能执行的指令条数,一般用 MIPS(Million Instructions Per Second,百万条指令/秒)来描述。例如,主频为 2GHz 的 Pentium 4 微型计算机的运行速度为 20 亿次每秒,即 2000MIPS。现代计算机的运算速度已达到亿亿次每秒,使得许多过去无法处理的问题都能得以解决。

2016 年全球超级计算机 500 强榜单中,中国"神威·太湖之光超级计算机"的峰值计算速度达 12.54 亿亿次每秒,持续计算速度 9.3 亿亿次每秒,性能功耗比为 60.51 亿次每瓦,3 项关键指标均排名世界第一。

(2) 计算精度高。

计算机采用二进制数字运算,数字位数随着表示数字的电子元件的数量增加而增加,再加上先进的算法,一般可达几十位甚至几百位有效数字的计算精度。

在一般的科学计算中,经常会算到小数点后几百位甚至更多,计算机可以将小数的有效数字精确到 15 位以上。2011 年,日本计算机奇才近藤茂将圆周率计算到小数点后 10 万亿位,创造了吉尼斯世界纪录。

(3) 存储容量大。

计算机具有完善的存储系统,不仅提供了大容量的主存储器存储其工作时的大量信息,还提供了各种外存储器来保存信息,如移动硬盘、优盘和光盘等,实际上的存储容量已达到海量。

(4) 超强的逻辑判断能力。

计算机不仅能进行算术运算和逻辑运算,还能通过编码技术对各种信息(如语言、文字、图形、图像、音乐等)进行判断或比较,并进行逻辑推理和定理证明。例如,1976 年,美国数学家凭借计算机"不畏重复,不惧枯燥"的特点,以极快的速度证明了近代三大数学难题之一——四色定理。

(5) 自动化程度高,通用性强。

计算机在工作过程中不需人工干预,只要根据应用的需要输入事先编制好的程序,它就能根据不同信息的具体情况做出判断,自动、连续地工作,完成预定的处理任务。利用这个特点,人们可以让计算机去完成那些枯燥乏味、令人厌烦的重复性劳动,也可让计算机控制机器深入人类难以进入的、有毒有害的场所作业。这就是计算机在过程控制中的应用。

(6) 支持人机交互。

计算机具有多种输入/输出设备,配上适当的软件后,可以十分方便地与用户进行交互。以广泛使用的鼠标为例,用户手握鼠标,只需用手指轻轻一点,计算机便可完成某种操作,真可称得上"得心应手,心想事成"。

(7) 网络与通信功能。

目前广泛应用的"因特网"(Internet)连接了全世界200多个国家和地区的数亿台各种计算机,网上的计算机用户可以共享网络资源、交流信息。

2. 计算机的分类

计算机的分类方法有很多种,按计算机处理的信号特点可分为数字式计算机、模拟式计算机和混合计算机;按计算机的用途可分为通用计算机和专用计算机;按计算机的运行速度和性能等指标,可分为高性能计算机、微型计算机、工作站、服务器、嵌入式计算机等。

随着计算机科学技术的发展,各种计算机的性能指标均会不断提高,因此对计算机的分类标准不是固定不变的,只能针对某一个时期。现在是大型机甚至巨型机的,若干年后可能成了小型机甚至微型机。

(1) 高性能计算机。

高性能计算机过去被称为巨型机或大型机,是指目前速度最快、处理能力最强的计算机。

高性能计算机数量不多,但却有重要和特殊用途。在军事上,可用于战略防御系统、大型预警系统、航天测控系统等。在民用方面,可用于大区域的中长期天气预报,以及大面积物探信息处理系统、大型科学计算和模拟系统等。

(2) 微型计算机(个人计算机)。

微型计算机又称个人计算机(Personal Computer,PC),是使用微处理器作为CPU的计算机。

1971年11月15日,Intel公司的工程师马西安·霍夫发明了世界上第一个中央处理器(Central Processing Unit,CPU)——4004,组成了世界上第一台4位微型计算机——MCS-4,从此拉开了世界微型计算机大发展的序幕。在过去的50多年中,微型计算机因其小、巧、轻,使用方便,价格便宜等优点,得到迅速的发展,成为计算机的主流。目前CPU主要有Intel的Core系列和AMD系列等。

微型计算机的种类很多,主要分成4类:桌面计算机(Desktop Computer)、笔记本计算机(Notebook Computer)、平板计算机(Tablet Computer)和种类众多的移动设备(Mobile Device)。由于智能手机具有冯·诺依曼体系结构,配置了操作系统,可以安装第三方软件,所以它们也被归入微型计算机的范畴。

(3) 工作站。

工作站是一种介于微机与小型机之间的高档微型计算机系统,但与一般的高档微型计算机不同的是,工作站具有更强的图形处理能力,支持高速的AGP图形端口,能运行三维CAD的软件,并且它有一个大屏幕显示器,以便显示设计图、工程图和控制图等。工作站又可分为初级工作站、工程工作站、图形工作站和超级工作站等。

(4) 服务器。

服务器是一种在网络环境中对外提供服务的计算机系统。服务器必须功能强大,具有很强的安全性、可靠性、联网特性以及远程管理和自动控制功能,具有很大容量的存储器和很强的处理能力。

根据提供的服务,服务器可以分为 Web 服务器、FTP 服务器、文件服务器和数据库服务器等。

(5) 嵌入式计算机。

嵌入式计算机一般由嵌入式微处理器、外围硬件设备、嵌入式操作系统以及用户的应用程序 4 部分组成。与通用计算机相比,其基本原理没有原则性区别,主要区别在于系统和功能软件集成于计算机硬件系统中,也就是说,系统的应用软件与硬件一体化。

在各种类型的计算机中,嵌入式计算机应用最广泛,数量远超过 PC,是计算机市场中增长最快的领域,也是种类繁多、形态多样的计算机。如在家电领域,电冰箱、自动洗衣机、数字电视机和数字照相机等都属于嵌入式计算机的应用。

3. 计算机的应用

计算机的应用非常广泛,遍及社会生活的各个领域,产生了巨大的经济效益和社会影响,可以归纳为以下几方面。

(1) 科学计算。

在科学实验或者工程设计中,利用计算机进行数值算法求解或者工程制图称为科学和工程计算。它的特点是计算量比较大,逻辑关系相对简单。科学和工程计算是计算机的一个重要应用领域。

(2) 数据处理。

数据处理是计算机的重要应用领域,数据是能转换为计算机存储信号的信息集合,具体指数字、声音、文字、图形、图像等。利用计算机可对大量数据进行加工、分析和处理,从而实现办公自动化。例如,财政、金融系统数据的统计和核算,银行储蓄系统的存款、取款和计息,企业的进货、销售、库存系统,学生管理系统等。

(3) 电子商务。

电子商务(Electronic Commerce,EC)是指利用计算机和网络进行的新型商务活动。它作为一种新型的商务方式,将生产企业、流通企业以及消费者和政府带入了一个网络经济、数字化的新天地。它让人们不再受时间、地域的限制,以一种十分简捷的方式完成过去较为繁杂的商务活动。依据交易双方的不同,电子商务主要分为常见的 3 种:B2B(企业对企业)、B2C(企业对个人)和 C2C(个人对个人)。如阿里巴巴属于 B2B,京东商城属于 B2C,淘宝网属于 C2C。

在互联网时代,电子商务的发展对于一个公司而言,不仅意味着一个商业机会,还意味着一个全新的、全球性的网络驱动经济的诞生。据报道,2019 年我国电子商务市场交易规模就已经突破了 34.8 万亿元。

(4) 过程控制。

过程控制是指以温度、压力、流量、液位和成分等工艺参数作为被控变量的自动控制。过程控制也称实时控制,是计算机及时地采集检测数据,按最佳值迅速地对控制对象进行自动控制和自动调节,如数控机床和生产流水线的控制等。

过程控制是实现生产过程自动化的基础,在冶金、石油、化工、纺织、水电、机械和航天等领域都得到了广泛的应用。

(5) 计算机辅助系统。

计算机辅助系统是计算机的另一个重要应用领域,主要包括计算机辅助设计(CAD,例如服装设计 CAD 系统)、计算机辅助制造(CAM,例如电视机的辅助制造系统)、计算机辅助教学(CAI)、计算机辅助测试(CAT)和计算机辅助工程(CAE)等。

(6) 人工智能。

计算机具有像人一样的推理和学习功能,能够积累工作经验,具有较强的分析问题和解决问题的能力,我们称其具有人工智能。人工智能的表现形式多种多样,例如利用计算机进行数学定理的证明、进行逻辑推理、理解自然语言、辅助疾病诊断、实现人机对话及破译密码等。

(7) 多媒体技术。

信息与技术的交互发展推动了计算机多媒体技术的出现与推广使用。计算机多媒体技术实现了音、形、色的结合,丰富了传媒、会议以及教学等的开展形式,增加了日常信息传递的方法途径,是未来生产生活中应用的主流技术之一。

1.2 计算机系统组成及工作原理

本节首先讨论计算机系统的基本组成,然后介绍微型计算机的硬件系统、软件系统、计算机工作原理及系统的性能指标。

1.2.1 计算机系统的基本组成

一个完整的计算机系统通常由硬件系统和软件系统两大部分组成。其中,硬件系统是指实际的物理设备,主要包括控制器、运算器、存储器、输入设备和输出设备,如图 1-3 所示。软件系统是指计算机中的各种程序和数据,包括计算机本身运行时所需要的系统软件,以及用户设计的、完成各种具体任务的应用软件。

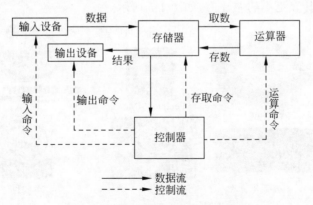

图 1-3 计算机硬件系统的基本组成

计算机的硬件和软件是相辅相成的,二者缺一不可,只有硬件和软件齐备并协调配合才能发挥出计算机的强大功能,为人类服务。

1.2.2 计算机硬件系统

微型计算机硬件系统由控制器、运算器、存储器、输入设备和输出设备等 5 部分组成。其中,控制器和运算器合称中央处理器(CPU),在微型计算机中又称为微处理器(MPU);MPU 和存储器统称为主机,输入设备和输出设备统称为外部设备。随着大规模、超大规模集成电路技术的发展,计算机硬件系统把控制器、运算器和寄存器组集成在一块微处理器芯片上,通常称为 MPU 芯片。随着芯片技术的发展,其内部又集成了高速缓冲存储器(Cache)的一部分,可以更好地发挥 MPU 芯片的高速度,提高对多媒体的处理能力。

图 1-4 为微型计算机系统的组成部分。

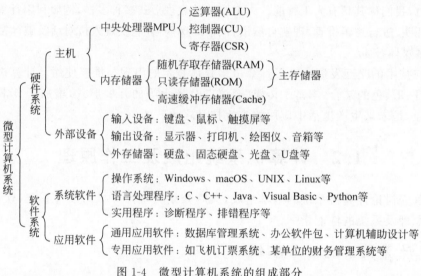

图 1-4 微型计算机系统的组成部分

1. 中央处理器

中央处理器是计算机硬件系统的核心,它主要包括控制器、运算器和寄存器等部件。一台计算机运行速度的快慢,中央处理器的配置起着决定性的作用。微型计算机的 CPU 安置在大拇指那么大甚至更小的芯片上,如图 1-5 所示。

图 1-5 中央处理器芯片

(1) 控制器(CU)。

控制器是计算机的指挥中心,它根据用户程序中的指令控制机器的各部分,使其协调一致地工作。其主要任务是从存储器中取出指令、分析指令,并对指令译码,按时间顺序和节拍向其他部件发出控制信号,从而指挥计算机有条不紊地协调工作。

(2) 运算器(ALU)。

运算器是专门负责处理数据的部件,即对各种信息进行加工处理,它既能进行加、减、乘、除等算术运算,又能进行与、或、非、比较等逻辑运算。

(3) 寄存器(CSR)。

寄存器是设置在CPU内部仅具有有限存储容量的高速存储部件,用来暂存指令、数据和地址等。它的位数可以代表计算机的字长。如包含在CU中的指令寄存器IR和程序寄存器PC,包含在ALU中的累加器ACC等,它们为配合CPU的控制和运算,构成一个寄存器组。

2. 存储器

存储器是专门用来存放程序和数据的部件。按功能和所处位置的不同,存储器又分为内存储器和外存储器两大类。随着计算机技术的快速发展,在CPU和内存储器(主存)之间又设置了高速缓冲存储器(Cache)。

(1) 内存储器。

内存储器简称内存,又称主存,主要用来存放CPU工作时用到的程序和数据以及计算后得到的结果。内存储器芯片又称内存条,如图1-6所示。

内存储器按读/写方式又可分为随机存取存储器(Random Access Memory,RAM)和只读存储器(Read Only Memory,ROM)两类。

① RAM是计算机工作时的存储区域,其中的内容可按其地址随时进行存取。RAM的主要特点是

图1-6 内存储器芯片

数据存取速度较快,但是掉电后数据立即丢失不能保存。根据工作原理的不同,RAM又可分为静态RAM(SRAM)和动态RAM(DRAM)。

② ROM是用于存放计算机启动程序的存储器。与RAM相比,ROM的数据只能读取而不能写入,如果要更改就需要用紫外线或高电压先擦除,然后再写入。另外,掉电后RAM中的数据会自动消失,而ROM不会。

(2) 高速缓冲存储器。

随着计算机技术的高速发展,CPU和主存之间增加了高速缓冲存储器,又称为Cache。它的访问速度与CPU相匹配,是主存的10倍左右。Cache一般分为L1 Cache(一级缓存)和L2 Cache(二级缓存)两种。L1 Cache和L2 Cache集成在CPU芯片内部,新式CPU还具有L3 Cache(三级缓存)。

主存储器和高速缓冲存储器统称内存储器,CPU可直接访问。

(3) 外存储器。

外存储器简称外存,也称辅存,主要用来存放需长期保存的程序和数据,CPU不能直接访问,只有将这些程序和数据调入内存,CPU才能通过读写内存访问。目前,微型计算机系统常用的外存储器有硬盘、光盘和U盘等。

① 硬盘。硬盘是微型计算机系统中广泛使用的外部存储器设备。硬盘是由若干圆盘

组成的圆柱体,若干张盘片的同一磁道在纵方向上所形成的同心圆构成一个柱面,柱面由外向内编号,同一柱面上各磁道和扇区的划分与早期使用过的软盘基本相同,每个扇区的容量也与软盘一样,通常是512B。所以,硬盘是按柱面、磁头和扇区的格式来组织存储信息的。硬盘格式化后的存储容量可按以下公式计算。

$$硬盘容量=磁头数×柱面数×扇区数×每扇区字节数$$

硬盘实物图如图1-7所示。

② 光盘。光盘是利用光学方式读/写信息的外部存储设备,利用激光在硬塑料片上烧出凹痕来记录数据。光盘便于携带,存储容量比软盘大。按性能不同,光盘分为只读光盘、可记录光盘、可读写光盘等。

图1-7 硬盘

③ U盘。U盘是一种近些年才发展起来的新型移动存储设备,可用于存储任何数据,并与计算机方便地交换文件。U盘结构采用闪存存储介质和通用串行总线接口,具有轻巧精致、使用方便、便于携带、容量较大、安全可靠等特征。U盘采用USB接口,几乎可以与所有计算机连接,支持热插拔,所以被广泛使用。

微型计算机中的各种存储器,从CPU内部的寄存器组到高速缓冲存储器、主存储器,再到外存储器,存取速度由快到慢,存储容量由小到大,按照它们所处的不同位置完成各自特有的功能。同时它们在存取速度和存储容量这两个指标上又互相取长补短、协调配合,从而构成一个完整的、功能强大的最佳存储系统。微型计算机的存储系统如表1-2所示。

表1-2 微型计算机的存储系统

存取时间	微型计算机中的各种存储器	所处位置
1ns	寄存器组(CSR)	内存储器
2ns	高速缓冲存储器(Cache)	
10ns	主存储器(RAM、ROM)	
10ms	外存储器(硬盘、光盘、U盘等)	外存储器
10s	后备存储器(磁带库、光盘库等)	

3. 存储容量的单位

在计算机中,为了物理实现,指令、数据和地址均采用二进制表示,可参考1.3节的相关叙述。二进制的1位,不是0就是1,"位"是计算机中表示信息的最小单位,用"b"表示,但在计算机中数据的存取、传递和处理均以字节为基本单位,8个二进制位构成一字节,"字节"用"B"表示。同时,计算机中存储单元的地址也是采用二进制编码。计算机中表示存储容量的常用单位有千字节(KB)、兆字节(MB)、吉字节(GB)、太字节(TB),它们之间的换算关系如下：

$1KB=2^{10}B=1024B$ $1MB=2^{20}B=1024KB$ $1GB=2^{30}B=1024MB$

$1TB=2^{40}B=1024GB$

4. 输入和输出设备

输入设备和输出设备简称为 I/O(input/output)设备。

(1) 输入设备。

输入设备是人们向计算机输入程序和数据的一类设备。目前，常见的微型计算机输入设备有键盘、鼠标、触摸屏、光笔、扫描仪、数码照相机及语音输入装置等。其中，键盘、鼠标和触摸屏是 3 种最基本的、使用最广泛的输入设备。

① 键盘。键盘是微型计算机必备的输入设备，通常连接在 USB 接口上。近年来，利用"蓝光"技术无线连接到计算机上的无线键盘也越来越多。

② 鼠标。鼠标也是微型计算机必备的输入设备，通常连接在 USB 接口上，与无线键盘一样，无线鼠标也广泛被使用。

鼠标有两种：一种是机械式的，另外一种是光电式的。现在基本使用光电式鼠标，因为光电式鼠标定位更精确、更耐用、更容易维护。在笔记本计算机中，为了控制鼠标还配备有轨迹球(Track Point)、触摸板(Touchpad)。

③ 触摸屏。触摸屏是一种新型输入设备，是目前最简单、方便、自然的一种人机交互方式。尽管触摸屏诞生时间不长，但因为可以代替键盘和鼠标，所以被人们普遍认可和广泛使用。触摸屏目前主要应用于公共信息的查询和多媒体应用等领域，如银行、城市街头等的信息查询，在不久的将来肯定会走入万千家庭中。

触摸屏一般由透明材料制成，安装在显示器的前面。它将用户的触摸位置转换为计算机屏幕的坐标信号，输入计算机系统中。触摸屏简化了计算机的使用，即使是对计算机一无所知的人，也能够很快学会操作计算机，从而使计算机展现出更大的魅力。

(2) 输出设备。

输出设备是计算机输出结果的一类设备。目前，常见的微型计算机输出设备有显示器、打印机、绘图仪等。其中，显示器和打印机是最基本的、使用最广泛的输出设备。

① 显示器。早期流行的显示器是阴极射线管显示器(CRT)，目前一般都用液晶显示器(LCT)，如图 1-8 所示。液晶显示器的主要技术指标有分辨率、颜色质量。

分辨率：分辨率是指显示器上像素的数量。分辨率越高，显示器上的像素就越多。常见的分辨率有 1024×768、1280×1024、1600×1280、1920×1200 等。

图 1-8 液晶显示器

颜色质量：颜色质量是指显示一个像素所占用的位数，单位是位(bit)。颜色位数决定了颜色质量，颜色位数越多，颜色数量就越多。例如，将颜色质量设置为 24 位(真彩色)，则颜色数量为 2^{24} 种。现在显示器允许用户选择 32 位的颜色质量，增加了一字节的透明度。Windows 允许用户自行选择颜色质量。

② 打印机。打印机主要的性能指标有两个：一是打印速度，单位是 ppm，即每分钟可以打印的页数(A4 纸)；二是分辨率，单位是 dpi，即每英寸的点数，分辨率越高打印质量越高。传统打印机有 3 类：针式打印机、喷墨打印机和激光打印机。目前主要使用激光打印

机,在少数场合会使用针式打印机。

除了上述传统打印机外,现在3D打印机也使用较多。3D打印机的原理是把数据和原料放进打印机中,机器会按照程序把产品一层层造出来。它是一种以计算机模型文件为基础,运用粉末状塑料或金属等可黏合材料,通过逐层打印的方式来构造物体的快速成型技术。传统的方法制造出一个模型通常需要数天,而用3D打印技术可以将时间缩短为数小时。3D打印被用于模型制造和单一材料产品的直接制造,如图1-9所示。

3D打印有着广泛的应用前景和应用领域,例如工业设计、航空航天和国防军事、文化创意和数码娱乐、生物医疗以及消费品等领域。

5. 主板和总线

(1) 主板。

主板也叫母板,是微型计算机中最大的一块集成电路板,也是其他部件和各种外部设备的连接载体,如图1-10所示。CPU、内存条、显卡等部件通过插槽(或插座)安装在主板上,硬盘、光驱等外部设备在主板上也有各自的接口,有些主板还集成了声卡、显卡、网卡等部件。在微型计算机中,所有其他部件和各种外部设备通过主板有机地连接起来,所以主板是计算机中重要的"交通枢纽",它的稳定性影响着整机工作的稳定性。

图1-9 3D打印

图1-10 主板

(2) 总线。

为了实现中央处理器、存储器和外部输入/输出设备之间的信息传输,微型计算机系统采用了总线结构。所谓总线(又称BUS),是指能为多个功能部件服务的一组信息传输线,是实现中央处理器、存储器和外部输入/输出(I/O)接口之间相互传输信息的公共通路。按功能的不同,微型计算机的总线又可分为地址总线(AB)、数据总线(DB)和控制总线(CB)3类。

① 地址总线是中央处理器向内存、输入/输出接口传送地址的通路。地址总线的根数反映了微型计算机的直接寻址能力,即一个计算机系统的最大内存容量。

② 数据总线用于中央处理器与内存、输入/输出接口之间传送数据。32位的计算机一次可传送32位数据,64位的计算机一次便可传送64位的数据。

③ 控制总线是中央处理器向内存及输入/输出接口发送命令信号的通路,同时也是I/O设备通过输入/输出接口向微处理器回送状态信息的通路。

通过总线,将微型计算机中的处理器、存储器、输入设备、输出设备等各功能部件连接起来,组成了一个整体的计算机系统。总线结构如图1-11所示。

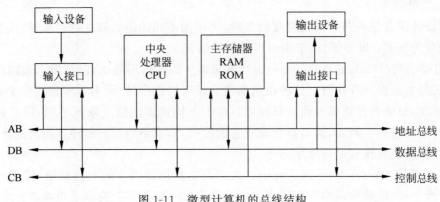

图 1-11　微型计算机的总线结构

1.2.3　计算机软件系统

软件(Software)是指计算机系统中的程序及其文档,程序是计算任务的处理对象和处理规则的描述;文档是为了便于了解程序所需的阐明性资料。程序必须装入机器内部才能工作,文档一般是给人看的,不一定装入机器。

计算机软件十分丰富,很难进行恰当的分类,通常是将软件分为系统软件和应用软件两大类。

计算机系统中的软硬件层次关系如图 1-12 所示。系统软件是底层软件,特别是操作系统直接面向机器,是最底层的软件,它们负责软硬件资源的调配,并为应用软件的运行提供支撑。应用软件是上层软件,是面向人类思维和问题求解的软件。

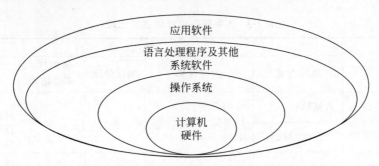

图 1-12　计算机系统中的软硬件层次关系

1. 系统软件

系统软件是用户操作、管理、监控和维护计算机资源(包括硬件和软件)所必需的软件,一般由计算机厂家或软件公司研发。系统软件分为操作系统、语言处理程序、实用(服务性)程序等。

1) 操作系统

操作系统(Operating System,OS)是直接运行在计算机硬件上的最基本的系统软件,是系统软件的核心。它负责管理和控制计算机的软件、硬件资源,是用户与计算机之间的操作平台,用户通过它来使用计算机。目前典型的操作系统有 Windows、UNIX、Linux 和 macOS 等。

2）语言处理程序

程序设计语言是人与计算机交流的工具，可使用不同的语言格式进行描述，按照其发展过程大概分为三类：机器语言、汇编语言和高级语言。

① 机器语言(Machine Language)是计算机诞生时所使用的语言，是用二进制代码编写的，能被机器直接识别和执行。这种由机器语言编写的程序像"天书"，编程工作量大，难学、难记、难修改，只适合计算机专业人员使用。由于不同机器的指令系统不同，因此机器语言随机而异，通用性差。然而，机器语言也有它的优点，那就是编写的程序不需要翻译、所占内存空间少、执行速度快和运行效率高等。

② 汇编语言(Assemble Language)。人们为克服机器语言的上述缺陷，使用助记符来表示机器指令，这就是所谓的汇编语言。汇编语言在一定程度上克服了机器语言难读、难改的缺陷，同时还保持了其编程质量高、占据存储空间少、执行速度快的优点。故在程序设计中，对实时控制要求很高的场合仍使用汇编语言编程。但汇编语言仍然是面向机器的语言，通用性、可移植性差，难修改、难维护。用汇编语言编写的程序，必须翻译成机器能识别的机器语言，才能被计算机执行。

机器语言和汇编语言统称为低级语言。

③ 高级语言(High Level Language)是人们为了克服低级语言的不足而设计的程序设计语言。这种语言与自然语言和数学公式相当接近，而且不依赖计算机的型号。高级语言的使用大幅提高了编写程序的效率，改善了程序的可读性、可维护性、可移植性。目前，常用的高级语言有 C、C++、Java、Python、Ruby 和 Swift 等。

为方便读者学习，下面对 3 种程序设计语言就执行方式、运行效率、可读性等进行了比较，如表 1-3 所示。

表 1-3　3 种程序设计语言的比较

程序设计语言		特　　点				
		执行方式	运行效率	编程效率	通用性/可移植性	程序可读性
低级语言	机器语言	直接执行	占内存空间小，执行速度快，运行效率高	低	差	面向机器，程序可读性差
	汇编语言	经汇编后执行				
高级语言		经编译后执行	低	高	好	面向过程或对象，程序可读性好

在上面介绍的 3 种程序设计语言中，除了用机器语言编写的程序能被机器直接识别并执行外，其他两种程序设计语言编写的程序都必须经过一个翻译过程转换为计算机能够识别的机器语言程序。翻译过程中使用的工具是语言处理程序，即翻译程序。用非机器语言编写的程序称为源程序，经过翻译的程序称为目标程序。翻译程序也称为编译器。针对不同的程序设计语言编写的程序，应使用不同的翻译程序，它们互不通用。

汇编程序：是将汇编语言源程序翻译成机器语言程序（目标程序）的语言处理程序，其翻译过程如图 1-13 所示。

高级语言编译程序：是将高级语言源程序翻译成机器语言程序（目标程序）的语言处理程序，其翻译方式有两种，一种是编译执行方式，另一种是解释执行方式。编译执行方式和汇编语言源程序的翻译过程类似,如图1-14所示。

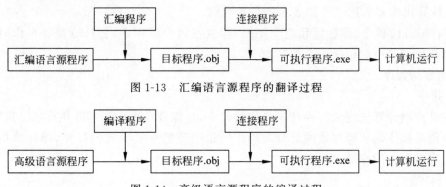

图1-13　汇编语言源程序的翻译过程

图1-14　高级语言源程序的编译过程

3) 其他系统软件

其他系统软件就是一些服务性程序,保证计算机正常运行,如对系统进行不间断的诊断和排错,完成一些与管理计算机系统资源及文件相关的任务。还有一些实用程序是为了方便用户使用计算机而设计的。

2. 应用软件

应用软件是用户为了解决实际应用问题而编制开发的专用软件。应用软件必须有操作系统的支持才能正常运行,其种类繁多,通常按照使用范围分为通用应用软件和专用应用软件。

通用应用软件具有通用性,如办公软件、图形图像软件、媒体播放软件、网络通信软件、信息检索软件、游戏软件等,如表1-4所示。

表1-4　常见通用应用软件

类　别	功　能	举　例
办公软件	文字、电子表格、演示文稿	Office、WPS
图形图像软件	图形处理、动画制作	Photoshop、3DMAX
网络通信软件	电子邮件、文件传输、Web浏览	QQ、微信、Express
媒体播放软件	播放视频、数字音频	Media、Player、RealPlayer
信息检索软件	上网查找需要的信息	百度、Google
游戏软件	游戏、教育、娱乐	棋牌游戏、角色游戏

专用应用软件是针对某一领域或用户的特定要求而开发的软件,如飞机订票系统、银行的金融管理系统、某单位的财务管理系统等。

1.2.4　计算机的工作原理

1946年,美籍匈牙利数学家冯·诺依曼教授(图1-15)提出了以"存储程序"和"程序控制"为基础的设计思想,即"存储程序"的基本原理。迄今为止,计算机基本工作原理仍然采用冯·诺依曼的这种设计思想。

图1-15　冯·诺依曼教授

1. 冯·诺依曼设计思想

冯·诺依曼设计思想如下。

(1) 计算机应包括运算器、存储器、控制器、输入设备和输出设备 5 大基本部件。
(2) 计算机内部采用二进制表示指令和数据。
(3) 将编好的程序(即数据和指令序列)存放在内存储器中,使计算机在工作时能够自动高速地从存储器中取出指令并执行指令。

2. 指令与程序

(1) 指令。

指令是控制计算机完成某种特定操作的命令,是能被计算机识别并执行的二进制代码。一条指令包括操作码和操作数两部分。操作码指明该指令要完成的操作,操作数指明操作对象的内容或所在的存储单元地址。

(2) 程序。

程序是指一组指示计算机每一步动作的指令,就是按一定顺序排列的计算机可以执行的指令序列。

3. 计算机的工作过程

计算机的工作过程就是执行程序的过程。也就是反复取指令、分析指令和执行指令的过程。计算机执行一条指令的过程如下。

(1) 取指令:从存储器某个地址中取出要执行的指令,送到 CPU 内部的指令寄存器中暂存。

(2) 分析指令:将保存在指令寄存器中的指令送到指令译码器,译出该指令对应的操作。

(3) 执行指令:根据指令译码器向各个部件发出控制信号,完成指令规定的各种操作。

(4) 为执行下一条指令做好准备,即形成下一条指令地址。

1.2.5 计算机系统的性能指标

如何评价计算机系统的性能是一个很复杂的问题,在不同的场合依据不同的用途有不同的评价标准。但微型计算机系统有许多共同的性能指标是读者必须要熟悉的。目前,微型计算机系统主要考虑的性能指标有以下几个。

1. 字长

字长指计算机处理指令或数据的二进制位数,字长越长,表示计算机硬件处理数据的能力越强。微型计算机的字长由早期的 8 位和 16 位,发展到后来的 32 位以及 64 位等。

2. 速度

计算机的运算速度是人们最关心的一项性能指标。通常,微型计算机的运算速度以每秒钟执行的指令条数来表示,经常用每秒百万条指令数(MIPs)为计数单位。由于运算速度与处理器的时钟频率密切相关,所以人们也经常用中央处理器的主频来表示运算速度。主频以兆赫兹(MHz)或吉赫兹(GHz)为单位,主频越高,计算机运算速度越快。

3. 容量

容量是指内存储器的容量。内存储器容量的大小不仅影响存储信息的多少,还影响运算速度。容量越大,所能运行软件的功能就越强。

4. 带宽

计算机的数据传输速率用带宽表示,数据传输速率的单位是位每秒(b/s),也常用 kb/s、

Mb/s、Gb/s 表示每秒传输的位数。带宽反映了计算机的通信能力。

5. 版本

版本序号反映计算机硬件、软件产品的不同生产时期,通常序号越大性能越好。例如,Windows 2000 就比 Windows 98 好,而 Windows 10 又比 Windows 7 功能更强、性能更好。

6. 可靠性

可靠性是指在给定的时间内微型计算机系统能正常运行的概率,通常用平均无故障时间(MTBF)来表示,MTBF 的时间越长,系统的可靠性越好。

1.3 计算机中的信息表示

计算机的主要功能是处理信息,如处理数据、文字、图像、声音等。在计算机内部,所有信息都是用二进制编码表示的,各种信息必须经过数字化编码才能被传送、存储和处理。所以了解计算机中的信息表示是极为重要的。

1.3.1 数制与转换

1. 四种数制

数制也称计数制,是用一组固定的符号和一套统一的规则来表示数值的方法。数制包含两个基本要素:基数和位权。数制中包含数码(计数符号)的个数称为该数制的基数。数制中某一位上的数码所表示的数值大小称为该数制的位权,位权与数码所在位置有关。基数为 R 的位权为 R^i,i 为数码在该 R 进制数中的位置序号。该序号规定从小数点向左第 1 位为 0,依次向左第 2 位为 1、第 3 位为 2……从小数点向右第 1 位的位序号为 -1,依次向右为 -2、-3 等。常用的数制有十进制、二进制、八进制和十六进制。

1) 十进制

十进制(Decimal Notation,D)具有 10 个不同的计数符号(0、1、2、3、4、5、6、7、8、9),其基数为 10,各位的位权为 10^i。十进制数的进位规则是"逢十进一"。例如,十进制数 $(3427.59)_{10}$ 可以表示为下式:

$$(3427.59)_{10} = 3\times 10^3 + 4\times 10^2 + 2\times 10^1 + 7\times 10^0 + 5\times 10^{-1} + 9\times 10^{-2}$$

这个式子称为十进制数的按位权展开式,简称按权展开式。

2) 二进制

二进制(Binary Notation,B)具有两个不同的计数符号(0、1),其基数为 2,各位的位权是 2^i。二进制数的进位规则是"逢二进一"。例如,二进制数 $(1101.101)_2$ 可以表示为下式:

$$(1101.101)_2 = 1\times 2^3 + 1\times 2^2 + 0\times 2^1 + 1\times 2^0 + 1\times 2^{-1} + 0\times 2^{-2} + 1\times 2^{-3}$$

3) 八进制

八进制(Octal Notation,O)具有 8 个不同的计数符号(0、1、2、3、4、5、6、7),其基数为 8,各位的位权是 8^i。八进制数的进位规则是"逢八进一"。例如,八进制数 $(126.35)_8$ 可以表示为下式:

$$(126.35)_8 = 1\times 8^2 + 2\times 8^1 + 6\times 8^0 + 3\times 8^{-1} + 5\times 8^{-2}$$

4) 十六进制

十六进制(Hexadecimal Notation,H)具有 16 个不同的计数符号(0、1、2、3、4、5、6、7、8、

9、A、B、C、D、E、F),其中 A、B、C、D、E、F 分别表示十进制数 10、11、12、13、14、15,其基数为 16,各位的位权是 16^i。十六进制数的进位规则是"逢十六进一"。例如,十六进制数 $(9E.B7)_{16}$ 可以表示为下式:

$$(9E.B7)_{16}=9\times16^1+14\times16^0+11\times16^{-1}+7\times16^{-2}$$

常用四种数制的特点如表 1-5 所示。

表 1-5 四种数制的特点

数制	基数	位权	计数符号	进位规则
十进制	10	10^i	0、1、2、3、4、5、6、7、8、9	逢十进一
二进制	2	2^i	0、1	逢二进一
八进制	8	8^i	0、1、2、3、4、5、6、7	逢八进一
十六进制	16	16^i	0、1、2、3、4、5、6、7、8、9、A、B、C、D、E、F	逢十六进一

不同进制数与二进制数的对照如表 1-6 所示。

表 1-6 不同进制数与二进制数的对照

二进制	十进制	八进制	十六进制	二进制	十进制	八进制	十六进制
0000	0	0	0	1000	8	10	8
0001	1	1	1	1001	9	11	9
0010	2	2	2	1010	10	12	A
0011	3	3	3	1011	11	13	B
0100	4	4	4	1100	12	14	C
0101	5	5	5	1101	13	15	D
0110	6	6	6	1110	14	16	E
0111	7	7	7	1111	15	17	F

2. 数制之间的转换方法

1) 非十进制数转换为十进制数

先写出相应进制数的按权展开式,然后再求和累加即可。

例:将二进制数 $(1101.101)_2$ 转换成十进制数。

解:$(1101.101)_2=1\times2^3+1\times2^2+0\times2^1+1\times2^0+1\times2^{-1}+0\times2^{-2}+1\times2^{-3}$
$=8+4+1+0.5+0.125=(13.625)_{10}$。

例:将 $(2B.8)_{16}$ 和 $(157.2)_8$ 分别转换成十进制数。

解:$(2B.8)_{16}=2\times16^1+11\times16^0+8\times16^{-1}=(43.5)_{10}$。

$(157.2)_8=1\times8^2+5\times8^1+7\times8^0+2\times8^{-1}=(111.25)_{10}$。

2) 十进制数转换为其他进制数

十进制数转换成其他进制数时,需要将整数部分和小数部分分开进行转换,转换时需做不同的计算,然后再用小数点组合起来。

(1) 十进制数转换为二进制数。

① 十进制整数转换成二进制整数的方法是将十进制整数除以 2,将所得到的商反复地除以 2,直到商为 0,每次相除所得的余数即为二进制整数的各位数字,第一次得到的余数为最低位,最后一次得到的余数为最高位,可以理解为除 2 取余,倒排余数。

② 十进制小数转换成二进制小数的方法是将十进制小数乘以 2,将所得的乘积小数部

分连续乘以 2,直到所得小数部分为 0 或满足精度要求为止。每次相乘后所得乘积的整数部分即为二进制小数的各位数字,第一次得到的整数为最高位,最后一次得到的整数为最低位。可以理解为乘 2 取整,顺排整数。

例：将十进制数(29.8125)转换为二进制数。

解：根据如上计算可得$(29.8125)_{10}=(11101.1101)_2$。

（2）将十进制数转换为八进制数或十六进制数。

整数部分除以 8 取余或除以 16 取余,然后倒排余数；小数部分乘以 8 取整或乘以 16 取整,顺排整数。

例：将十进制数$(517.32)_{10}$转换成八进制数(要求采用只舍不入法取 3 位小数)。

解：根据计算可得$(517.32)_{10}=(1005.243)_8$。

例：将$(3259.45)_{10}$转换成十六进制数(要求采用只舍不入法取 3 位小数)。

解：根据计算可得$(3259.45)_{10}=(CBB.733)_{16}$。

3）二进制数与八进制数或十六进制数间的转换

（1）二进制数转换为八进制数或十六进制数。

以数的小数点为界,向左右每 3 位(八进制)或每 4 位(十六进制)分组,不足 3 位或 4 位时用 0 补足,然后将每组的 3 位或 4 位二进制数转换为八进制数或十六进制数,最后把这些八进制数或十六进制数按原二进制数的顺序排列即可。

例：将二进制数$(10101111100.0111)_2$转换为八进制数。将二进制数$(110101011110.101110101)_2$转换成为十六进制数。

解：根据计算可得$(10101111100.0111)_2=(2574.34)_8$。根据计算可得$(110101011110.101110101)_2=(D5E.BA8)_{16}$。

（2）八进制数或十六进制数转换为二进制数。

将每位八进制数或十六进制数转换为 3 位或 4 位二进制数,即"一位扯 3 位"或"一位扯 4 位",然后把这些扯开的二进制数按原数顺序排列即可。

例：将八进制数$(6203.016)_8$转换为二进制数。将十六进制数$(5CB.09)_{16}$转换成二进制数。

解：根据计算可得$(6203.016)_8=(110010000011.00000111)_2$。根据计算可得$(5CB.09)_{16}=(010111001011.00001001)_2=(10111001011.00001001)_2$。

1.3.2 二进制数及其运算

1. 采用二进制数的优越性

（1）技术可行性。

因为组成计算机的电子元器件本身只有两种对立状态,例如电位的高电平状态与低电平状态、晶体管的导通与截止、开关的接通与断开等,采用二进制数只需用 0、1 表示这两种对立状态,易于实现。

(2) 运算简单性。

采用二进制数,运算规则简单,便于简化计算机运算器结构,运算速度快。

(3) 逻辑吻合性。

逻辑代数中的"真/假""对/错""是/否"表示事物的正反两方面,并不具有数值大小的特性,用二进制数的 0/1 表示刚好与之吻合,这为计算机实现逻辑运算提供了有利条件。

```
  被加数：1 1 0 0 0 0 1 1
    加数：      1 0 0 1 0 1
+   进位：        1 1 1
     和：1 1 1 0 1 0 0 0
```

2. 二进制数的算术运算

二进制数的算术运算非常简单,它的基本运算是加法和减法,利用加法和减法可进行乘法和除法运算。

(1) 加法运算。

两个二进制数相加时,要注意"逢二进一"的规则,并且每一位相加时最多只有 3 个加数,即本位的被加数、加数和来自低位的进位数。

加法运算法则如下。

$$0+0=0$$
$$0+1=1+0=1$$
$$1+1=10(逢二进一)$$
$$(11000011)_2+(100101)_2=(11101000)_2$$

(2) 减法运算。

两个二进制数相减时,要注意"借一当二"的规则,并且每一位最多有 3 个数,即本位的被减数、减数和向高位的借位数。

减法运算法则如下。

$$0-0=1-1=0$$
$$1-0=1$$
$$0-1=1(借一当二)$$
$$(11000011)_2-(101101)_2=(10010110)_2$$

```
  被减数：1 1 0 0 0 0 1 1
    减数：    1 0 1 1 0 1
−   借位：      1 1 1 1
     差：1 0 0 1 0 1 1 0
```

3. 二进制数的逻辑运算

逻辑运算是对逻辑值的运算,对二进制数 0、1 赋予逻辑含义就可以表示逻辑值的"真"与"假"。逻辑运算包括逻辑与、逻辑或以及逻辑非 3 种基本运算。逻辑运算与算术运算一样按位进行,但是位与位之间不存在进位和借位的关系,也就是位与位之间毫无联系,彼此独立。

(1) 逻辑与运算(也称逻辑乘运算)。

逻辑与运算符用 ∧ 或 · 表示。逻辑与运算的运算规则是,仅当多个参加运算的逻辑值都为"1"时,逻辑与的结果才为 1,否则为 0。

(2) 逻辑或运算(也称逻辑加运算)。

逻辑或运算符用 ∨ 或 + 表示。逻辑或运算的运算规则是,仅当多个参加运算的逻辑值都为 0 时,逻辑或的结果才为 0,否则为 1。

(3) 逻辑非运算(也称求反运算)。

逻辑非运算符用 ~ 表示,或者在逻辑值的上方加一横线表示,如 $\overline{A}$。逻辑非运算的运算规则是对逻辑值取反,即逻辑变量 A 的逻辑非运算结果为 A 的逻辑值的相反值。

设 A、B 为逻辑变量,其逻辑运算关系如表 1-7 所示。

表 1-7 基本逻辑运算关系

A	B	A∨B	A∧B	$\overline{A}$	$\overline{B}$
0	0	0	0	1	1
0	1	1	0	1	0
1	0	1	0	0	1
1	1	1	1	0	0

例:若 A=(1011)$_2$,B=(1101)$_2$,求 A∧B、A∨B、$\overline{A}$。

解:根据计算得 A∧B=(1001)$_2$,A∨B=(1111)$_2$ $\overline{A}$=(0100)$_2$。

$$\begin{array}{r}1011\\ \vee\ 1101\\ \hline 1111\end{array} \qquad \begin{array}{r}1011\\ \wedge\ 1101\\ \hline 1001\end{array}$$

1.3.3 计算机中的常用信息编码

计算机既可以处理数值型数据,又可以处理各种字符型数据。字符包括西文字符(英文字母、数字、各种符号)和汉字字符等,这些字符型数据必须要按一定规则编码,以便在计算机中进行交换、传输和处理。

1. 西文字符的编码

西文字符是由英文字母、数字、标点符号和一组特殊符号组成的。ISO(International Organization for Standardization,国际标准化组织)指定 ASCII 码((American Standard Code Information Interchange,美国标准信息交换代码)为国际标准。ASCII 码有 7 位版本和 8 位版本两种,国际通用的 7 位 ASCII 码称为标准 ASCII 码(规定添加的最高位为 0),8 位 ASCII 码称为扩充 ASCII 码。7 位 ASCII 字符集如表 1-8 所示。

表 1-8 7 位 ASCII 字符集

$d_3 d_2 d_1 d_0$	$d_6 d_5 d_4$							
	000	**001**	**010**	**011**	**100**	**101**	**110**	**111**
0000	NUL	DLE	SP	0	@	P	`	p
0001	SOH	DC1	!	1	A	Q	a	q
0010	STX	DC2	"	2	B	R	b	r
0011	ETX	DC3	#	3	C	S	c	s
0100	EOT	DC4	$	4	D	T	d	t
0101	ENQ	NAK	%	5	E	U	e	u
0110	ACK	SYN	&	6	F	V	f	v
0111	BEL	ETB	,	7	G	W	g	w
1000	BS	CAN	(	8	H	X	h	x
1001	HT	EM	)	9	I	Y	i	y
1010	LF	SUB	*	:	J	Z	j	z
1011	VT	ESC	+	;	K	[	k	{
1100	FF	FS	`	<	L	\	l	|
1101	CR	GS		=	M	]	m	}
1110	SO	RS	.	>	N	↑	n	~
1111	SI	US	/	?	O	↓	o	DEL

标准 ASCII 码字符集包括 128 个字符,其中包含 94 个图形字符(可打印字符)和 34 个非图形字符(控制字符)。十进制码值包括 0～32(即 NUL～Space)和 127(即 DEL),共 34 个控制字符;其余 94 个字符为图形字符,在这些字符中,0～9,A～Z,a～z,都是分段按码值从小到大连续编码,而且大写字母比对应小写字母的码值小 32,这极有利于大、小写英文字母之间的字符转换。

【提示】 记住下列特殊字符的 ASCII 值及相互关系。

字符"0"的编码 0110000,其码值是 30H(十六进制数)、48D(十进制数)。
字符"A"的编码 1000001,其码值是 41H(十六进制数),65D(十进制数)。
字符"a"的编码 1100001,其码值是 61H(十六进制数),97D(十进制数)。
字符空格" "的编码 0100000,其码值是 20H(十六进制数),32D(十进制数)。

2. 汉字编码

由于汉字字符集庞大,远比处理西文字符复杂,需要解决如下问题。

① 汉字的输入。因键盘上无汉字键,需要对汉字进行编码,这就是汉字的输入码。

② 汉字在机内的传输、处理和存储。需要对汉字进行编码,这就是汉字的机内码。

③ 汉字的输出。汉字笔画多变,字形变化极为复杂,这就需要有对应的汉字编码,即字形码。

可见,汉字极具特殊性。计算机在处理汉字时,汉字的输入,汉字的传输、存储和处理,汉字的输出,使用的是不同的编码,各过程之间需要互相转换,如图 1-16 所示。

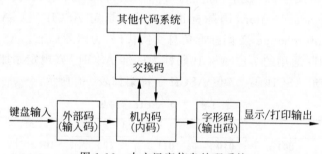

图 1-16 中文汉字信息处理系统

(1) 汉字输入码。

汉字的输入码就是利用键盘输入的一组编码,即字母数字符号串。目前常用的输入码主要分为以下两类。

① 音码类。主要是指以汉语拼音为基础的编码方案,如全拼、智能 ABC 等。

② 形码类。根据汉字的字形进行的编码,如五笔字形码、表型码等。

还有音形结合的编码,即音形码,如自然码。不管哪种输入法,都是操作者向计算机输入汉字的手段,手段不同,输入码也不同,所以输入码是复杂多变的。输入码输入计算机后,经汉字管理系统转换为机内码,机内码是唯一的,这种唯一性保证了计算机处理汉字的准确性。

(2) 汉字机内码。

① 国标码,即国标交换码。1981 年我国颁布了 GB 2312 国家标准。该标准选出 6763 个常用汉字(其中,一级常用汉字 3755 个,二级常用汉字 3008 个)和 682 个非汉字字符,并为每个字符规定了标准代码,以便在不同的计算机系统之间进行汉字文本交换。

② 区位码。GB 2312 字符集构成一个 94 行、94 列的二维表,行号为区号,列号为位号,每一个汉字或符号在码表中都有各自的位置,即汉字的区位码。例如,"学"字的区号为 49,位号为 07,它的区位码即为 4907,用两字节的二进制数分别表示区号和位号,然后再组合为 00110001 00000111B,或将区号和位号分别用两位十六进制数表示,然后拼装为 3107H。

区位码无法用于汉字通信,因为它可能与通信使用的控制码(00H～1FH,即 0～31)发生冲突,因此 ISO 2022 规定,每个汉字的区号和位号必须分别加上 20H(即二进制数 00100000B),经过这样的处理而得的代码称为国标交换码。如"学"字的国标码为 3107H+2020H=5127H。

③ 机内码,又称内码。由于文本中通常混合使用汉字和西文字符,汉字信息如果不予以特别标识,就会与单字节的 ASCII 码混淆。此问题的解决方法之一是将一个汉字看成两个扩展 ASCII 码,使表示 GB 2312 汉字的两字节的最高位都为 1,即将汉字的国标交换码+8080H,这种高位为 1 的双字节汉字编码即为 GB 2312 汉字的机内码。因此,"学"字的机内码为 5127H+8080H=D1A7H,即二进制数 11010001 10100111B。

汉字区位码到汉字机内码的转换是在机器内部由汉字管理系统完成的,如图 1-17 所示。

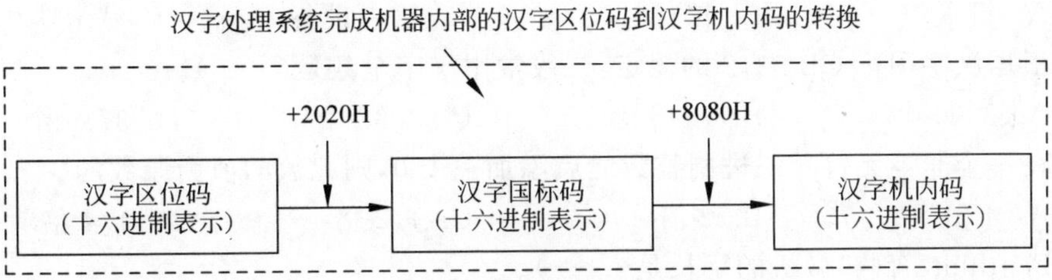

汉字处理系统完成机器内部的汉字区位码到汉字机内码的转换

汉字区位码(十六进制表示) —+2020H→ 汉字国标码(十六进制表示) —+8080H→ 汉字机内码(十六进制表示)

图 1-17 汉字区位码到汉字机内码的转换

(3) 汉字字形码。

汉字字形码又称汉字输出码、字模码,是为输出汉字将描述汉字字形的点阵数字化处理后的一串二进制符号。汉字字形码通常有点阵和矢量两种表示方法。

① 用点阵表示字形时,汉字字形码指的就是汉字字形点阵代码。

② 矢量表示方式存储的是描述汉字字形的轮廓特征,当要输出汉字时,通过计算机的计算,由汉字字形描述生成所需大小和形状的汉字。

点阵与矢量的区别在于,前者的编码、存储方式简单,无须转换直接输出,但字形放大后产生的效果差;而后者正好与前者相反。

习 题 1

【习题】(理论)单项选择题

(1) 下列叙述中,正确的是(　　)。

　　A. CPU 能直接读取硬盘上的数据

　　B. CPU 能直接存取内存储器

　　C. CPU 由存储器、运算器和控制器组成

　　D. CPU 主要用来存储程序和数据

(2) 1946年,首台电子数字计算机ENIAC问世后,冯·诺依曼在研制EDVAC计算机时提出两个重要的改进,它们是(　　)。
　　A. 引进CPU和内存储器的概念
　　B. 采用机器语言和十六进制
　　C. 采用二进制和存储程序控制的概念
　　D. 采用ASCII编码系统
(3) 汇编语言是一种(　　)。
　　A. 依赖计算机的低级程序设计语言
　　B. 计算机能直接执行的程序设计语言
　　C. 独立于计算机的高级程序设计语言
　　D. 面向问题的程序设计语言
(4) 假设某台式计算机的内存储器容量为128MB,硬盘容量为10GB,那么硬盘的容量是内存容量的(　　)。
　　A. 40倍　　　　B. 60倍　　　　C. 80倍　　　　D. 100倍
(5) 计算机的硬件主要包括中央处理器(CPU)、存储器、输出设备和(　　)。
　　A. 键盘　　　　B. 鼠标　　　　C. 输入设备　　　D. 显示器
(6) 根据汉字国标GB 2312的规定,二级常用汉字个数是(　　)。
　　A. 3000个　　　B. 7445个　　　C. 3008个　　　D. 3755个
(7) 在一个非零无符号二进制整数之后添加一个0,则此数的值为原数的(　　)。
　　A. 4倍　　　　B. 2倍　　　　C. 1/2倍　　　　D. 1/4倍
(8) Pentium(奔腾)微机的字长是(　　)。
　　A. 8位　　　　B. 16位　　　　C. 32位　　　　D. 64位
(9) 下列关于ASCII编码的叙述中,正确的是(　　)。
　　A. 一个字符的标准ASCII码占一字节,其最高二进制位总为1
　　B. 所有大写英文字母的ASCII码值都小于小写英文字母a的ASCII码值
　　C. 所有大写英文字母的ASCII码值都大于小写英文字母a的ASCII码值
　　D. 标准ASCII码表有256个不同的字符编码
(10) CD光盘上标记有"CD-RW"字样,表明这个光盘是(　　)。
　　A. 只能写入一次,可以反复读出的一次性写入光盘
　　B. 可多次擦除型光盘
　　C. 只能读出,不能写入的只读光盘
　　D. 既可读又可写的光盘

第 2 章　Windows 10 操作系统

操作系统是最重要的系统软件,它控制和管理计算机系统软硬件资源,提供计算机操作接口界面。人们借助操作系统才能方便、灵活地使用计算机,而 Windows 是微软公司开发的基于图形用户界面的操作系统,也是目前使用最为广泛的操作系统。

学习目标
- 理解操作系统的基本概念,了解 Windows 10 的新特性。
- 熟悉构成 Windows 10 的基本元素,掌握 Windows 10 的基本操作。
- 理解文件和文件夹的基本概念,掌握 Windows 10 的文件和文件夹的操作。
- 了解 Windows 10 的磁盘维护。

2.1　操作系统和 Windows 10

操作系统是最基本的系统软件,没有操作系统,人与计算机将无法直接交互,无法合理组织软件和硬件有效地工作。通常,没有操作系统的计算机被称为"裸机"。

2.1.1　操作系统概述

1. 什么是操作系统

操作系统是一组控制和管理计算机软、硬件资源,为用户提供便捷使用计算机的程序集合。它是配置在计算机中的第一层软件,是对硬件功能的扩充。它不仅是硬件与其他软件系统的接口,也是用户和计算机进行交流的界面,如图 2-1 所示。

一般而言,引入操作系统主要有两个目的。

① 方便用户使用计算机。用户输入一条简单的指令就能自动完成复杂的功能,操作系统启动相应程序,调度恰当的资源执行结果。

② 统一管理计算机系统的软、硬件资源,合理组织计算机工作流程,以便更有效地发挥计算机的效能。

2. 操作系统的功能

(1) 处理器管理。

处理器管理最基本的功能是处理中断事件。处理器只能发现中断事件并产生中断,而不能进行处理,配置了操作系统后,就可以对各种事件进行处理。处理器管理的另一个功能是处理器调度。处理器可能是一个,也可能是多个,不同类型的操作系统将针对不同情况采取不同的调度策略。

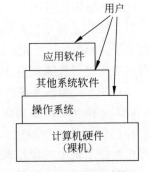

图 2-1　用户面对计算机

(2) 存储器管理。

存储器管理主要是针对内存储器的管理。主要任务是分配内存空间,保证各作业占用的存储空间不发生矛盾,并使各作业在自己所属的存储区中互不干扰。

(3) 设备管理。

设备管理负责管理各类外围设备(简称外设),包括分配、启动和故障处理等。主要任务是当用户使用外围设备时,必须提出要求,待操作系统进行统一分配后方可使用。当用户的程序运行到要使用某外设时,由操作系统负责驱动外设。操作系统还具有处理外设中断请求的能力。

(4) 文件管理。

文件管理是指操作系统对信息资源的管理。在操作系统中,负责管理和存取文件信息的部分称为文件系统。文件是在逻辑上具有完整意义的一组相关信息的有序集合,每个文件都有一个文件名。文件管理支持文件的存储、检索和修改等操作以及文件的保护功能,操作系统一般都提供功能较强的文件系统,有的还提供数据库系统来实现信息的管理工作。

(5) 作业管理。

用户请求计算机系统完成一个独立的操作称为作业。作业管理包括作业的输入和输出,作业的调度与控制(根据用户的需要控制作业运行的步骤)。

3. 操作系统的分类

操作系统可以从以下两个角度进行分类。

① 从用户角度,将操作系统分为单用户单任务(如 DOS)、单用户多任务(如 Windows)和多用户多任务(如 UNIX)。

② 从应用领域和系统实现功能的角度,将操作系统分为批处理操作系统、分时操作系统、实时操作系统、个人计算机操作系统、网络操作系统和嵌入式操作系统等。

下面介绍常见的 3 种操作系统。

(1) 个人计算机操作系统。

个人计算机操作系统运行在个人计算机上,主要特点是:计算机在某个时间内为单个用户服务;采用图形用户界面,界面友好;使用方便,用户无须专门学习,也能熟练操作机器。目前常用的个人计算机操作系统是 Windows 和 Linux 等。

(2) 网络操作系统。

网络操作系统是在单机操作系统的基础上发展起来的,能够管理网络通信和网络上的资源共享,协调各个主机上任务的运行,并向用户提供统一、高效、方便易用的网络接口。目前常用的网络操作系统有 Windows Server 等。

(3) 嵌入式操作系统。

嵌入式操作系统是指应用于嵌入式设备的操作系统,从应用角度可分为通用型和专用型两种。常见的通用型嵌入式操作系统有 Linux、VxWorks 等,常用的专用型操作系统有运行在智能手机上的操作系统,如 Android 和 iOS。智能手机具有独立的操作系统、良好的用户界面及很强的应用扩展性,能方便地安装和删除应用程序。

2.1.2 Windows 10 的新特性

Windows 10 是微软公司研发的跨平台操作系统,应用于计算机和平板计算机等设备,于 2015 年 7 月 29 日发行。

Windows 10 在易用性和安全性方面有了极大的提升，除了针对云服务、智能移动设备、自然人机交互等新技术进行融合外，还对固态硬盘、生物识别、高分辨率屏幕等硬件进行了优化完善与支持。

Windows 10 的大版本更新已经被确定为 2004 版（原为 20H1）。微软 2020 年剖析 Windows 10 新版的 16 大新特性是：无密码登录、显卡温度显示、标识硬盘类型、新图标、语言设置面板、计算器支持可视化、"下载"文件夹不再被清理、UWP 重启后自动打开、虚拟桌面支持重命名、更新限速、索引不再卡顿、"沙盒"升级、记事本可卸载、驱动单独下载、Cortana 重生和云下载与云重装。

截至 2023 年 2 月 21 日，Windows 10 正式版已更新至 19045.2673 版本，即 64 位专业版 v2023，预览版已更新至 21390 版本。本书以 Windows 10 的 64 位专业版为范本介绍 Windows 10 的使用。

2.2 Windows 10 的基本元素和基本操作

2.2.1 Windows 10 的基本元素

作为一个全新的操作系统，Windows 10 和以前版本的 Windows 相比，基本元素仍由桌面、窗口、对话框和菜单 4 部分组成，但对于某些基本元素的组合做了精细、完美与人性化的调整，整个界面发生了较大的变化，更加友好和易用，使用户操作起来更加方便和快捷。

Windows 10 较以前的 Windows 版本做了如下几点改变。

① "开始"屏幕工作界面：单击"开始"按钮，弹出"开始"屏幕工作界面，可将经常使用的程序图标拖曳至"开始屏幕"（又称磁贴面板）中，单击该图标可快速启动程序。

② Ribbon 界面：文件资源管理器窗口（包括文件夹窗口）和文件窗口中完全取消了工具栏和菜单栏，由选项卡和功能区按钮替代（Windows 7 在文件夹窗口还保留了部分菜单），使操作更加直观、方便和快捷。

③ 任务栏最右端的控制块：在任意打开的一个窗口中单击该控制块可立刻切换到桌面，再次单击又返回到当前窗口，方便用户随时观察桌面。

④ 可设置全屏幕显示开始菜单。

⑤ 可设置"虚拟桌面"（又称多桌面）。

下面介绍 Windows 10 几个常用功能的改变，其余的改变在本章扩展的习题及解答（教学资源库）中做详细介绍。

1. 桌面

桌面是用户启动计算机及登录 Windows 10 操作系统后看到的整个屏幕，它看起来就像一张办公桌的桌面，用于显示工作区域的对象，如图 2-2 所示。

桌面由桌面图标和底部的任务栏构成。初始时桌面上只有一个"回收站"图标，用户可以根据自己的喜好添加桌面图标，把经常使用的程序、文档和文件夹放在桌面上或在桌面上为它们建立快捷方式。桌面底部任务栏的最左端是"开始"按钮；中间部分显示已打开的程序和文件，在它们之间可以进行快速切换；其最右端是通知区域，包括时钟以及一些告知特定程序和计算机设置状态的图标。

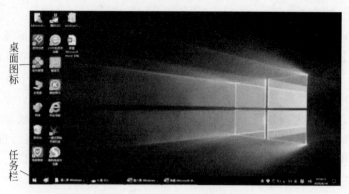

图 2-2　Windows 10 桌面组成

用户需要对桌面上的图标进行大小和位置调整时，可以在桌面的空白处右击，在弹出的快捷菜单中选择"查看"命令，如图 2-3 所示。

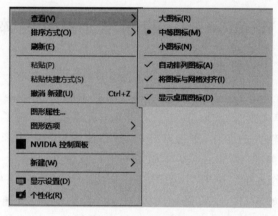

图 2-3　"查看"命令

在"查看"子菜单中如果取消"显示桌面图标"的选中状态，则桌面图标会全部消失；如果取消"自动排列图标"的选中状态，则可以使用鼠标拖动图标将其摆放在桌面上的任意位置。

在"排序方式"子菜单中可以选择按名称、大小、项目类型和修改时间进行排序。

2. 窗口和对话框

1) 窗口

(1) 控制面板。

在"控制面板"中，用户可根据自己的喜好对桌面、系统等进行设置和管理，还可以添加或删除程序，如图 2-4 所示。

启动"控制面板"的方法很多，最直接的方法是单击"开始|设置"命令。

控制面板是用来进行系统设置和设备管理的一个工具集，它的右上角有"最小化""最大化/向下还原""关闭"3 个按钮，故又称窗口，但为了和后面打开的"设置"窗口相区别，我们仍称它为"控制面板"。

(2) 窗口。

选择"控制面板"中任意一个选项，即可打开该选项对应的"设置"窗口。如要对桌面

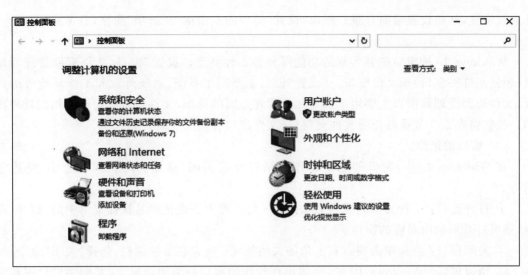

图 2-4 控制面板

背景、锁屏和颜色等进行设置,则可选择"个性化"命令打开个性化"设置"窗口,如图 2-5 所示。

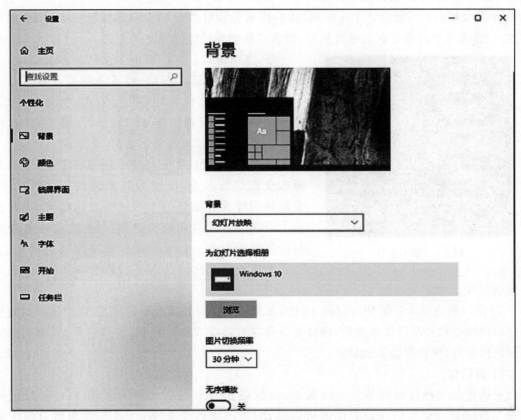

图 2-5 个性化设置窗口

"设置"窗口包括左窗格和右窗格两部分,左窗格为选项列表,选择某选项,则可打开该选项对应的右窗格。如在左窗格选择"背景",则在右窗格显示"背景"属性列表,通过对其属性进行设置,从而设置桌面背景。所以"设置"窗口的左窗格为"选项"窗格,右窗格为"属性"窗格。

Windows 10 的窗口按其实现的功能可分为 3 种类型,"设置"窗口、文件资源管理器窗口(包括文件夹窗口)和文件窗口。"设置"窗口主要用于系统、系统外观和工作环境等的设置,文件资源管理器窗口主要用于实现文件管理方面的操作,文件窗口则用于文档的处理操作。我们将在 2.3 节重点介绍文件夹窗口,文件窗口将从第 3 章开始介绍。

(3) 窗口的操作。

在 Windows 10 中,窗口的基本操作包括打开或关闭、移动、排列、调节大小、贴边显示等。

① 打开窗口:一种方法是双击对象图标;另一种方法是选择其快捷菜单中的"打开"命令,则可打开对象所对应的窗口。

② 关闭窗口:直接单击窗口右上角的关闭按钮;或者右击标题栏,选择"关闭"命令。

③ 切换窗口:Windows 10 中,当前正在操作的窗口称为活动窗口,其标题栏呈深蓝色显示,已经打开但当前未操作的窗口称为非活动窗口,标题栏呈灰色显示。切换窗口有以下 3 种方法:在想要激活的窗口内单击;通过按 Alt+Tab 组合键切换窗口;在任务栏处单击某窗口的最小化图标,切换相应的窗口为活动窗口。

④ 移动窗口:当窗口处于还原状态时,将鼠标指针移动到窗口的标题栏上,按住鼠标左键不放,拖曳至目标位置后松开鼠标,则窗口移动至目标位置。

图 2-6 排列窗口

⑤ 排列窗口:在系统中一次打开多个窗口,一般情况下只显示活动窗口,当需要同时查看打开多个窗口时,可以在任务栏空白处右击,会弹出图 2-6 所示的快捷菜单,根据需求可选择"层叠窗口"、"堆叠显示窗口"或者"并排显示窗口"命令。

⑥ 缩放窗口:当窗口处于还原状态时,可以随意改变窗口的大小,以便将其调整到合适的尺寸。将鼠标指针放在窗口的水平或垂直边框上,当其变成上下或左右的双向箭头时进行拖曳,可以改变窗口的高度或宽度。将鼠标指针放在窗口边框角上,当其变成斜线双向箭头时进行拖曳,可对窗口进行等比例缩放。

⑦ 窗口贴边显示:在 Windows 10 中,如果需要同时处理两个窗口,可以用鼠标指向一个窗口的标题栏并按住鼠标左键,拖曳至屏幕左右边缘或角落位置,窗口会冒"气泡",此时松开鼠标左键,窗口即会贴边显示。

2) 对话框

对话框是一种特殊的 Windows 窗口,由标题栏和不同的元素组成,用户可以通过对话框与系统进行交互操作。对话框可以移动,但不能改变大小,这也是它和窗口的重要区别。

在 Windows 的对话框中,除了有标题栏、边界线和"关闭"按钮外,还有一些控件,如选项卡、命令按钮、复选框、单选按钮、下拉列表、数值框等,如图 2-7 所示。

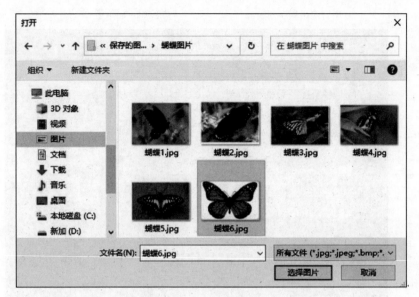

图 2-7　对话框

3. 菜单

Windows 10 的菜单分为"开始"菜单、快捷菜单和级联菜单 3 种,各有其特点和用途。在早期的 Windows 版本中,放于文件夹和文件窗口中的菜单栏和工具栏已被选项卡和功能区所取代,这就是 Ribbon 界面。

1)"开始"菜单

单击桌面左下角的"开始"按钮,即可弹出"开始"屏幕工作界面,它主要由"用户名""设置""电源"等按钮,所有应用程序列表和"动态磁贴"面板等组成,如图 2-8 所示。

"动态磁贴"面板又称"开始"屏幕,主要包含生活动态及用于播放和浏览的主要应用,用户可以根据需要将应用程序添加到"开始"屏幕中。

打开"开始"菜单,在程序列表中右击要固定到"开始"屏幕的程序,在弹出的快捷菜单中选择"固定到'开始'屏幕"命令,即可将程序固定到"开始"屏幕中。如果要从"开始"屏幕中取消固定,右击"开始"屏幕中的程序,在弹出的快捷菜单中选择"从'开始'屏幕取消固定"命令即可。

就像从任务栏启动程序一样,单击"开始"屏幕中的程序图标即可快速启动该程序。

拖动"开始"屏幕工作界面中的滚动条,即可浏览系统中的所有应用程序。

下面仅介绍几个常用的应用程序。

(1) 计算器。

选择"开始|计算器"命令,启动计算器,如图 2-9 所示。系统中不仅有算术计算器,还有科学型计算器、编程计算器、统计信息计算器,并且可以进行货币、容量等计量单位的转换。

(2) 记事本。

选择"开始"|"Windows 附件"|"记事本"命令,则可打开"记事本"窗口。记事本是 Windows 附带的一个基本文本编辑器,用来创建简单的文档。记事本常用来查看和编辑文本文件(.txt),它仅支持基本的文件格式,并且所支持的文本还不能太大。

图 2-8 "开始"屏幕工作界面

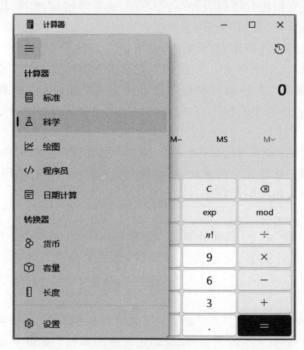

图 2-9 计算器窗口

(3) 写字板。

"写字板"是 Windows 附带的文本编辑器。它可以创建和编辑比较复杂的文档,适合创建、编辑、排版、打印输出内容较多、格式更为丰富的文档,还提供了在文档中插入图片、电子表格、声频和视频信息等功能。

选择"开始"|"Windows 附件"|"写字板"命令,即可打开"写字板"窗口。

(4) 画图。

选择"开始"|"Windows 附件"|"画图"命令,即可打开"画图"窗口。"画图"是 Windows 附带的简单的图形处理程序,用它可以进行图形制作,包括绘制简单的图形、标志和示意图,还可以对图形进行裁剪、添加文字等。其制作的图形可以用多种图形格式进行保存。

2) 快捷菜单

在 Windows 环境下,用户在使用菜单时最喜欢用的还是快捷菜单,因为快捷菜单方便、快捷。快捷菜单是右击一个对象或一个区域时弹出的菜单列表。图 2-10 和图 2-11 所示分别为在桌面右击"此电脑"图标和右击桌面空白区域弹出的快捷菜单。可见选择不同对象或不同区域所弹出的快捷菜单是不一样的,使用鼠标选择快捷菜单中的相应命令即可对所选对象实现"打开""删除""重命名"等操作。

3) 级联菜单

在 Windows 环境下,单击某个命令按钮所引出的一系列连贯菜单称为级联菜单。

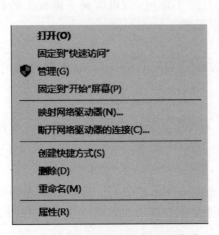

图 2-10 "此电脑"图标的快捷菜单

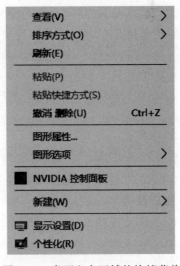

图 2-11 桌面空白区域的快捷菜单

2.2.2 Windows 10 的基本操作

Windows 10 的基本操作包括 Windows 10 的启动与关闭、账户设置、个性化设置、帮助系统的使用等。

1. Windows 10 的启动与关闭

1) Windows 10 的启动

安装了 Windows 10 操作系统的计算机,打开计算机电源开关即可启动 Windows 10,打开电源开关后系统首先进行硬件自检。如果用户在安装 Windows 10 时设置了口令,则在启动过程中将出现口令对话框,用户只有回答正确的口令才可进入 Windows 10 系统,如图 2-12 所示。

Windows 10 启动成功后,用户首先看到的是图 2-2 所示的桌面。

2) Windows 10 的关闭

关闭系统时首先必须关闭桌面上所有打开的应用程序窗口,然后单击"开始"按钮,在弹出的菜单中选择"电源"图标,会弹出图 2-13 所示的"关机"选项。

图 2-12 Windows 10 登录界面

图 2-13 Windows 10 关机选项

(1) 睡眠。

"睡眠"是一种节能状态,当选择"睡眠"命令后,计算机会立即停止当前操作,将当前运行程序的状态保存在内存中并消耗少量的电能。只要不断电,当再次按下键盘上的任意键或动一下鼠标时,便可以快速恢复"睡眠"前的工作状态。

(2) 关机。

单击"关机"命令后,计算机会关闭所有打开的程序以及 Windows 10 本身,然后安全关闭计算机。

(3) 重启。

重启计算机可以关闭当前所有打开的程序以及 Windows 10 操作系统,然后自动重新启动计算机并进入 Windows 10 操作系统。

2. 账户设置

Windows 允许多个用户使用同一台计算机,这就需要账户管理。账户管理包括创建新账户以及为账户分配权限等。在 Windows 中,每一个用户都有自己的工作环境,如桌面、我的文档等。

Windows 的账户有以下两种类型。

① Microsoft 账户。与设备无关,可以在任意数量的设备上使用。

② 本地计算机账户。只能在本地使用,无法从其他设备访问。

设置账户的操作是在控制面板中选择"账户"命令,然后在账户设置窗口中进行设置,如图 2-14 所示。

3. 个性化设置

Windows 10 不仅为用户提供了高效、友好的工作环境,而且带来了很多全新体验。用户可以根据自己的使用习惯设置 Windows 10 的个性化外观,包括桌面图标、主题、桌面背景、屏幕保护等。

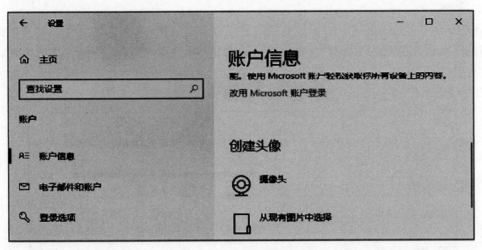

图 2-14　账户设置窗口

1）桌面图标

【例 2.1】　在桌面上显示计算机、回收站、用户的文件和网络图标。

【操作解析】　在桌面的快捷菜单中选择"个性化"命令，打开"个性化"窗口，再选择"主题"→"桌面图标设置"超链接，打开"桌面图标设置"对话框，如图 2-15 所示。然后在"桌面图标"栏勾选要显示图标的复选框。

图 2-15　"桌面图标设置"对话框

2）主题

主题是用于使 Windows 10 系统个性化的图片、颜色、声音、光标的组合。在打开的"个性化设置"窗口左侧列表中选择"主题",在右窗格对背景、颜色、声音和光标进行设置,然后单击"保存主题"按钮,以备下一次使用,也可在"更改主题"栏选择某一个自己喜欢的主题,如图 2-16 所示。

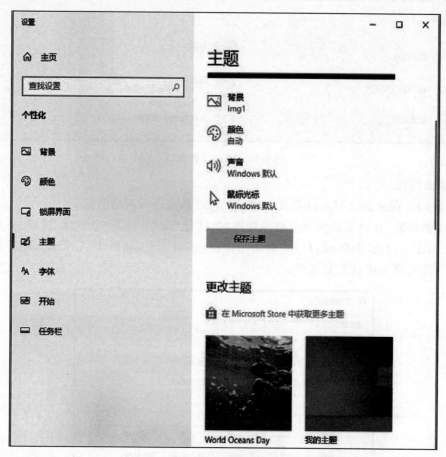

图 2-16　设置主题

3）桌面背景

【例 2.2】　选择某一图片作为桌面背景,并且设置契合度为"拉伸"。

【操作解析】　在打开的"个性化设置"窗口左侧列表中选择"背景",在右窗格的"背景"框选择"图片",在"选择契合度"下拉列表框选择"拉伸",可在"选择图片"栏选择某一张图片,若都不满意,也可单击"浏览"按钮,在打开的"打开"对话框中寻找自己喜欢的图片,如图 2-17 所示。

4）屏幕保护

当暂时不需要使用计算机时,可让计算机也休息一下,同时让桌面上显示一些有趣的画面,可通过设置屏幕保护来实现。

【例 2.3】　选用"变幻线"屏幕保护程序,等待时间为 1 分钟。

【操作解析】　在打开的"个性化设置"窗口的左侧列表中选择"锁屏界面",在右窗格选

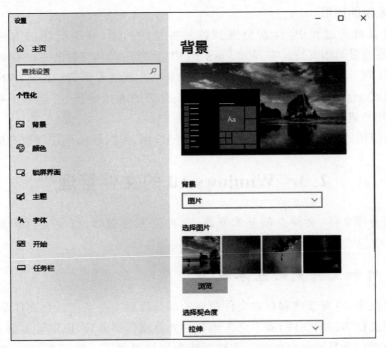

图 2-17 设置图片背景

择"屏幕保护程序设置"超链接,打开"屏幕保护程序设置"对话框,在"屏幕保护程序"下拉列表框中选择"变幻线",在"等待"时间微调框中将时间调整为 1 分钟,然后单击"确定"按钮,如图 2-18 所示。

图 2-18 "屏幕保护程序设置"对话框

4. 帮助系统的使用

在使用计算机的过程中，经常会遇到各种各样的问题，解决问题的方法之一是使用 Windows 提供的帮助和支持。在 Windows 10 中，获得帮助和支持的方法有 3 种。

（1）按 F1 键。在打开的应用程序窗口中按 F1 键，就能看到该应用程序的帮助信息。

（2）询问 Cortana。Cortana 是 Windows 10 自带的虚拟助理，它能够了解用户的喜好和习惯，帮助用户进行日程安排、回答问题等。

（3）入门应用。Windows 10 内置了一个入门应用，可以帮助用户获取帮助。

2.3 Windows 10 的文件管理

本节主要介绍文件、文件夹的基本概念，文件资源管理器，以及文件和文件夹的常见操作。

2.3.1 文件和文件夹的基本概念

在操作系统中，负责管理和存取文件信息的部分称为文件系统。在文件系统的管理下，用户可以按照文件名访问文件，而不必考虑各种外存储器的差异，也不必了解文件在外存储器中的具体位置以及是如何存放的。文件系统为用户提供了一个简单、统一的访问文件的方法。

1. 文件

文件是有名字的一组相关信息的集合。在计算机系统中，所有的数据和程序都以文件的形式存放在计算机的外存储器（如磁盘、光盘、U 盘等）中。例如，C/C++、Excel 文档、各种可执行程序等都是文件。

×××××× . ××××
文件主名　　文件扩展名
图 2-19　文件名结构

1）文件名

任何一个文件都有文件名，文件名是存取文件的依据。一般来说，文件名分为文件主名和文件扩展名两部分，如图 2-19 所示。

文件主名应该是有意义的词汇，以便用户识别。例如，文字文件的名字是 Word.docx，Word 表示单词的意思，具有一定意义。

不同操作系统的文件命名规则有所不同。有些操作系统的文件名不区分大小写，如 Windows 系统，而有的是要区分大小写的，如 UNIX 系统。

（1）文件主名由字母、数字、汉字和其他的符号组成，最多可包含 255 个字符。文件名可以包含空格，但不能包含以下字符：\、/、:、*、?、<、>、|。

（2）文件扩展名（Filename Extension）也称为文件的后缀名，是操作系统用来标记文件类型的一种机制。扩展名几乎是每个文件必不可少的一部分。如果一个文件没有扩展名，那么操作系统就无法判别到底如何处理该文件。

2）文件类型

在大多数操作系统中，文件的扩展名表示文件的类型。例如，.rar 是压缩文件，.exe 是可执行文件，.wmv 是一种流媒体文件，.jpg 是图像文件，.cpp 是 C++ 源程序文件，.htm 是网页文件等。不同类型的文件，其图标也不一样，从文件图标可判断出这个文件的类型。

3) 文件属性

文件除了文件名外,还有文件大小、占用空间、所有者信息等,这些信息称为文件的属性。

文件重要的属性如下。

(1) 只读:设置为只读属性的文件只能读,不能修改和删除。

(2) 隐藏:具有隐藏属性的文件一般情况下是不显示的。

(3) 存档:任何一个新创建或修改的文件都有存档属性。当用"控制面板"中的"备份和还原"程序备份后,存档属性消失。

2. 文件夹

文件夹俗称目录,用于在磁盘上分类存放大量的文件和下一级文件夹。

下面简单说明文件路径的概念。

文件路径:当一个磁盘的目录结构被建立后,所有的文件可以分门别类地存放在所属文件夹中。若要访问的文件不在同一个目录中,就必须加上文件路径,以便文件系统可以查找到所需要的文件。

文件路径分为以下两种。

(1) 绝对路径:从根目录开始,依序到该文件的名称。

(2) 相对路径:从当前目录开始到某个文件的名称。

【例2.4】 请说明图2-20所示的目录结构中,文件"选题申报书.docx"和"选题申报表.xls"的绝对路径以及"选题申报书.docx"的相对路径(假定当前目录为"项目申报")。

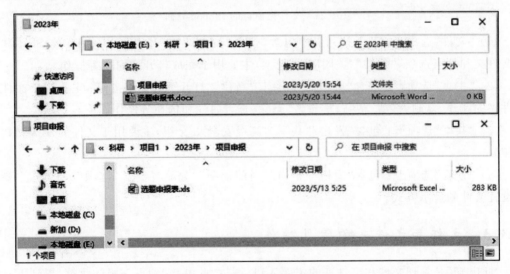

图2-20 文件存放的目录结构

【解答】 "选题申报书.docx"和"选题申报表.xls"的绝对路径分别是"E:\科研\项目1\2023年\选题申报书.docx"和"E:\科研\项目1\2023年\项目申报\选题申报表.xls"。

"选题申报书.docx"文件的相对路径是"...\...\2023年\选题申报书.docx"。

2.3.2 文件资源管理器

"文件资源管理器"是Windows中管理文件和文件夹的主要程序,是Windows系统提供的资源管理工具,我们可以用它查看本计算机的所有资源,特别是它提供的树状文件系统结构,使我们能更清楚、更直观地认识计算机的文件和文件夹。另外,在"文件资源管理器"中还可以对文件和文件夹进行各种操作,如打开、复制、移动等。

在 Windows 10 中,"文件资源管理器"窗口和文件夹窗口都采用了 Ribbon 界面,即完全采用了选项卡和功能区的形式,这也是其区别于 Windows 7(还保留了部分系统菜单)及以前版本的重要标志之一。

Ribbon 界面主要包含"文件""主页""共享""查看"4 个选项卡,单击不同的选项卡可以打开不同的功能区,如图 2-21 所示。单击"展开功能区"按钮,则可打开某选项卡对应的功能区。

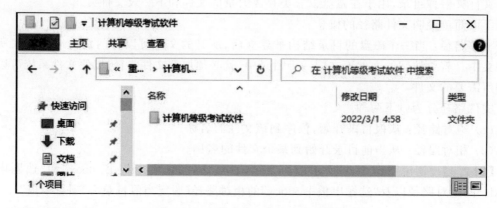

图 2-21　文件夹窗口的 Ribbon 界面

(1)"文件"选项卡:其下拉列表中包含"打开新窗口""打开 Windows PowerShell""更改文件夹和搜索选项""帮助""关闭"5 个选项,主要用于完成打开新窗口等操作。

(2)"主页"选项卡:包含"剪贴板""组织""新建""打开""选择"5 个组,主要用于文件或文件夹的新建、复制、移动、粘贴、重命名、删除、查看属性和选择等操作。

(3)"共享"选项卡:包含"发送""共享""高级安全"3 个组,主要用于文件的发送和共享操作。

(4)"查看"选项卡:包含"窗格""布局""当前视图""显示/隐藏""选项"5 个组,主要用于设置文件的显示方式。

2.3.3　文件和文件夹的常见操作

"此电脑"是管理文件和文件夹的主要入口,通过"此电脑"到下一级的盘符,再到下一级的磁盘根目录,可以一级一级打开文件夹,进行各种操作。

1. 打开文件和文件夹

双击要打开的文件和文件夹,或在文件和文件夹的快捷菜单中选择"打开"命令,即可实现文件和文件夹的打开操作。

2. 文件和文件夹的选定

文件和文件夹的选定操作如表 2-1 所示。

表 2-1　选定对象

选定对象	操作
单个对象	单击所要选定的对象
多个连续对象	鼠标操作：单击第一个对象，按住 Shift 键，单击最后一个对象
	键盘操作：移动光标到第一个对象上，按住 Shift 键，移动光标到最后一个对象上
	按住鼠标左键拖曳框选多个连续对象
多个不连续对象	按住 Ctrl 键，单击需要选择的各个对象
选择窗口中所有对象	按 Ctrl+A 组合键，或者在"主页"→"选择"分组中单击"全部选择"命令

3. 文件和文件夹的移动和复制

在 Windows 中，剪贴板是文件资源管理器的一个重要工具，它是程序和文件之间传递信息的暂存区（内存的一块存储区），传递的对象包括文件、文件夹、文本、图形、图像、声音等多种信息。

对剪贴板的使用方法是，先选定对象，执行"剪切"和"复制"命令，将信息传递到剪贴板；然后选定需要放置信息的目标位置，再执行"粘贴"命令，将剪贴板中的信息传送到目标位置，如图 2-22 所示。

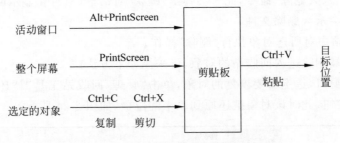

图 2-22　剪贴板的功能

对文件和文件夹的移动和复制操作可使用快捷菜单中的相应命令，也可使用"主页"→"剪贴板"组中的相应按钮，还可以使用键盘上的快捷键和鼠标拖曳法，如表 2-2 所示。

表 2-2　文件和文件夹的移动与复制操作

作用	"主页"|"剪贴板"分组中的相应按钮 快捷菜单中的相应命令	鼠标拖曳	快捷键或键盘命令
复制	"复制"→"粘贴"	直接拖曳（不同驱动器） Ctrl+拖曳（同一驱动器）	Ctrl+C　Ctrl+V
移动	"剪切"→"粘贴"	Shift+拖曳（不同驱动器） 直接拖曳（同一驱动器）	Ctrl+X　Ctrl+V

文件和文件夹的移动和复制操作还可以通过在窗口的"主页"|"组织"分组中选择"移动到"或"复制到"命令来实现。

4. 文件和文件夹的删除

在 Windows 中，回收站是文件资源管理器中的又一个重要工具，它存放着用户暂时不用而删除的文件或文件夹。这些被删除的对象会一直保留在回收站中，直到清空回收站。如果用户需要，还可以将这些被删除的对象还原。永久删除的对象是不会进入回收站的，当然也无法还原和恢复，所以在删除项目时需要特别慎重。

要使对象被删除后进入回收站,可采用如下 4 种方法。
(1) 直接将对象拖曳至回收站。
(2) 选中对象,直接按 Delete 键。
(3) 执行对象的快捷菜单中的"删除"命令。
(4) 在对象所在窗口的"主页|组织"中,单击"删除"按钮旁的下拉按钮,在弹出的下拉列表中选择"回收"命令,如图 2-23 所示。

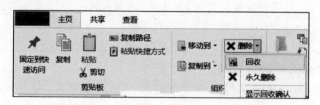

图 2-23 "删除"按钮的下拉列表

要对象被删除后不进入回收站,而是被永久删除,可采用如下 3 种方法。
(1) 选中对象,按住 Shift 键的同时按 Delete 键。
(2) 在对象所在窗口的"主页|组织"分组中,单击"删除"按钮旁的下拉按钮,在弹出的下拉列表中选择"永久删除"命令,此时会弹出"确认"对话框(只有在显示回收确认信息时),待用户确认后才会永久删除文件。
(3) 在回收站中对所选对象执行"删除"操作。

如果要恢复被删除进入回收站的对象,可采用如下方法。
进入回收站窗口,选定需要恢复的对象,单击"管理/回收站工具"|"还原"分组中的"还原选定的项目"按钮,此时该对象被还原到原来的位置,如图 2-24 所示。

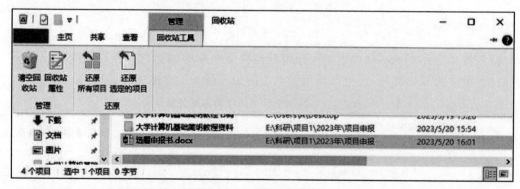

图 2-24 "回收站"窗口

如果单击"还原所有项目"按钮,则回收站中的全部对象被恢复;如果单击"清空回收站"按钮,则回收站被清空,回收站中的所有对象被永久删除。

5. 文件和文件夹的新建

文件和文件夹的新建有如下两种方法。
(1) 将光标定位在桌面、某盘符根目录下或某个文件夹窗口的空白处,右击鼠标,在弹出的快捷菜单中选择"新建"→某个文件命令或"新建"→"文件夹"命令,然后输入文件名或文件夹名。
(2) 打开某个文件夹窗口,在"主页"|"新建"分组中单击"新建项目"→某个文件命令或

单击"新建文件夹"命令,然后输入文件名或文件夹名,如图 2-25 所示。

图 2-25　新建文件或文件夹

还有一种新建文件的方法,即打开某个文件的窗口,保存文件到相应的文件夹。

6. 文件和文件夹更名

文件和文件夹更名可采用如下 4 种方法。

(1) 单击对象名,输入新的对象名,按 Enter 键确认。

(2) 选中对象,按 F2 键,也可对所选对象更名。

(3) 选中对象,在"主页"|"组织"分组中单击"重命名"按钮。

(4) 右击要重命名的对象,在弹出的快捷菜单中选择"重命名"命令。

7. 文件和文件夹的属性设置

(1) 修改文件和文件夹的属性。

在文件和文件夹的快捷菜单中选择"属性"命令,打开文件和文件夹的属性对话框,从对话框中可以看到,二者的属性有所差异,但都有"常规"选项卡下的"只读"属性和"隐藏"属性以及"高级属性"选项卡下的"存档"属性。

【例 2.5】　任选一个 Word 文档,将其设置为"只读"属性,然后打开该文档,请试操作一下是否能对该文档进行修改。取消其"只读"属性后,请再试操作一下文档能否修改。

【解答】　因为该文档已设置为"只读"属性,所以无法修改。撤销"只读"属性的设置后,该文档可以修改。

(2) 修改查看选项。

在"查看"|"显示/隐藏"分组中,"隐藏所选项目"按钮用于设置文件或文件夹的"隐藏"属性;"文件扩展名"复选框用于设置系统是否显示文件的扩展名,选中状态为显示扩展名;"隐藏的项目"复选框用于设置系统中是否显示设置为"隐藏"属性的文件或文件夹,选中状态为显示,否则为隐藏,如图 2-26 所示。

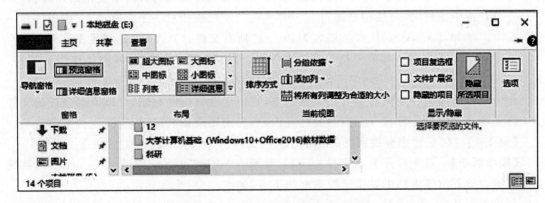

图 2-26　"查看"|"显示/隐藏"功能组

【例 2.6】 任选一个文件或文件夹,将其设置为"隐藏"属性,观察文件和文件夹图标的颜色是变成深色还是变成浅色了。在窗口的"查看"|"显示/隐藏"分组中,取消"隐藏的项目"复选框的选中状态,观察刚才设置为"隐藏"属性的文件或文件夹是否消失了。再将"隐藏的项目"复选框设置为选中状态,再观察设置为"隐藏"属性的文件或文件夹是否出现了。最后取消这个文件或文件夹的"隐藏"属性,再观察该文件或文件夹的颜色是否由浅变深。

【解答】 经过实际操作再做回答。第 1 个问题的答案是颜色变浅了;第 2 个问题的答案是消失了;第 3 个问题的答案是出现了;第 4 个问题的答案是由浅色恢复至原来的深色。

8. 创建文件和文件夹的快捷方式

用户可为自己经常使用的文件和文件夹创建快捷方式,快捷方式只是将对象(文件和文件夹)直接链接到桌面或计算机的任意位置,其使用方式和一般图标一样,这就减少了查找资源的操作,提高了工作效率。需要提醒大家的是,若快捷方式被删除,不会影响它指向的目标对象。

创建快捷方式的操作如下。

(1) 右击要创建快捷方式的文件或文件夹。

(2) 在弹出的快捷菜单中选择"创建快捷方式"或"发送到"→"桌面快捷方式"命令,如图 2-27 所示。前者创建的快捷方式与对象同处一个位置,后者创建的快捷方式在桌面上。

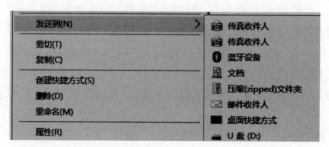

图 2-27 创建文件和文件夹的快捷方式

9. 文件和文件夹的搜索

在系统中常常需要查找某些文件和文件夹,但并不知道这些文件和文件夹的全名,只知道某些特征或某几个关键字,这个时候就需要使用查找文件和文件夹时所使用的通配符。

在设置搜索条件时,可使用通配符"?"和"*"。"?"代表任意一个字符,"*"代表任意一个字符串。例如,"*.docx"代表扩展名为 docx 的所有文件,"?A*.xlsx"代表第二个字符为 A 的所有 Excel 文件。如果要指定多个文件名,可以使用分号、逗号或空格作为分隔符,例如,"*.docx;*.jpg;*.txt"代表扩展名为 docx、jpg 以及 txt 的所有文件。

每一个打开的文件夹窗口都有一个搜索框,它位于地址栏的右侧,可以根据查找的文件或文件夹所在的大概位置打开相应的文件夹窗口,再使用搜索框进行查找。

【例 2.7】 在 F 盘中查找所有的 Word 文档文件。

【操作解析】 首先打开 F 盘文件夹窗口,然后在"搜索"文本框中输入"*.docx",系统立即开始搜索并将搜索结果显示于搜索框的下方,如图 2-28 所示。

如果想要基于一个或多个属性搜索文件或文件夹,则搜索时可在打开的"搜索工具-搜索"|"优化"分组中指定属性,从而更加快速地查找到指定多个属性的文件或文件夹。

图 2-28　在 F 盘搜索所有 Word 文档文件

【例 2.8】　查找 F 盘中上星期修改过的存储容量在 16KB～1MB 的所有"*.jpg 文件"。

【操作解析】　首先打开 F 盘窗口,在搜索文本框中输入"*.jpg",在"搜索工具-搜索"|"优化"分组中选择"修改日期"为"上周",选择"大小"为"小(16KB～1MB)",系统立即开始搜索,并将搜索结果显示于搜索框的下方,如图 2-29 所示。

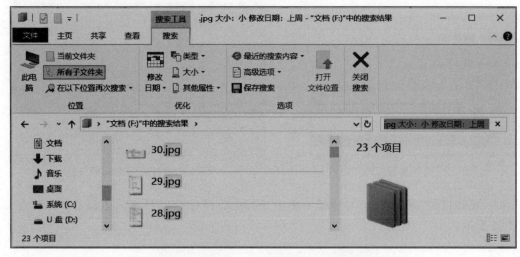

图 2-29　搜索基于多个属性的文件或文件夹

2.4　Windows 10 的磁盘维护

磁盘是程序和数据的载体,它包括硬盘、光盘和 U 盘等。通过对磁盘进行维护,可以增大数据的存储空间,加大对数据的保护。Windows 10 系统提供了多种磁盘维护工具,如"磁盘清理"和"碎片整理和优化驱动器"。用户通过使用它们,能及时方便地扫描硬盘、修复错误、对磁盘的存储空间进行清理和优化,使计算机的运行速度得到进一步提升。

2.4.1 磁盘清理

在 Windows 10 系统中,使用磁盘清理工具可以删除硬盘分区中的系统 Internet 临时文件、文件夹以及回收站中的多余文件,从而达到释放磁盘空间、提高系统性能的目的。磁盘清理的操作步骤如下。

(1) 单击"开始"|"Windows 管理工具"|"磁盘清理"命令,在弹出的"磁盘清理:驱动器选择"对话框中,选择准备清理的驱动器,例如选择 G 盘,单击"确定"按钮,如图 2-30 所示。

(2) 弹出"娱乐(G:)的磁盘清理"对话框,在"要删除的文件"区域选中准备删除的文件的复选框和"回收站"复选框,单击"确定"按钮,如图 2-31 所示。

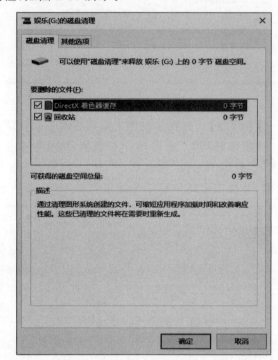

图 2-30　选择准备清理的磁盘　　　　图 2-31　选择要删除的文件

(3) 在弹出的"磁盘清理"对话框中单击"删除文件"按钮即可完成磁盘清理的操作,如图 2-32 所示。

图 2-32　单击"删除文件"按钮

2.4.2 整理磁盘碎片

定期整理磁盘碎片可以保证文件的完整性,从而提高计算机读取文件的速度。整理磁盘碎片的操作如下。

（1）单击"开始"|"Windows 管理工具"|"碎片整理和优化驱动器"命令，在弹出的"优化驱动器"窗口的"状态"列表框中选择准备整理的磁盘，单击"优化"按钮，如图 2-33 所示。

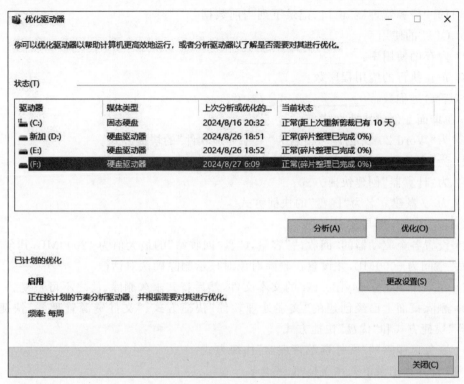

图 2-33　选择驱动器并单击"优化"按钮

（2）碎片整理结束，单击"关闭"按钮关闭"优化驱动器"窗口，完成整理磁盘碎片的操作。

习　题　2

【习题 2.1】（实验 2.1）　Windows 10 的基本操作

1. 设置桌面

（1）设置个性化桌面。

① 使桌面上只显示"此电脑"、"回收站"和"网络"图标。

② 选择一张自己喜欢的图片作为桌面背景，并选择契合度为"拉伸"。

③ 选择颜色为"浅色"。

④ 选用一组自己喜欢的照片作为屏幕保护程序，幻灯片放映速度为"中速"，等待时间为 3 分钟。（一组上海外滩夜景照片已放于习题 2.1 文件夹中）

（2）启动"写字板"、"记事本"和"画图"程序，并对 3 个打开的程序窗口进行层叠窗口、堆叠显示窗口和并排显示窗口的操作。

（3）查看当前显示器分辨率：_____。将其设置为 1024×768，观察桌面图标有什么变化,再恢复原来的设置。

2. 设置任务栏

(1) 设置或取消在桌面模式下自动隐藏任务栏。

(2) 设置或取消锁定任务栏。

3. 打开"任务管理器"窗口,记录下列当前数据

(1) CPU 的使用率:_____。

(2) 内存的使用率:_____。

(3) 正在执行的应用程序数:_____。

(4) 后台进程数:_____。

4. 在桌面上创建快捷方式

(1) 为"Word 2016"创建一个名为"文字处理软件"的快捷方式。

(2) 为"文件资源管理器"创建快捷方式。

(3) 为"计算器"创建快捷方式。

(4) 为 U 盘建立名为"优盘"的快捷方式。

5. 回收站的设置与使用

(1) 设置各个驱动器的"回收站"容量,C 盘"回收站"的最大值为 12000MB,其余磁盘的"回收站"空间为 6000MB,并设置在删除对象时显示删除确认对话框。

(2) 在桌面上建立 Myfile.txt 的文本文件,然后将其永久删除,使之不可恢复。

(3) 删除桌面上已经创建的"文字处理软件"快捷方式、"文件资源管理器"快捷方式、"计算器"快捷方式和"优盘"快捷方式。

(4) 恢复已删除的"文件资源管理器"快捷方式。

6. 查看并且记录下列系统信息

(1) 设备名称:_____。

(2) 处理器型号:_____。

(3) 内存容量:_____。

(4) Windows 版本:_____。版本号:_____。安装时间:_____。

7. 查看 Windows 文件资源管理器中文件 explorer.exe 的属性

(1) 文件类型:_____。

(2) 存放位置:_____(绝对路径)。

(3) 大小:_____。

(4) 占用空间:_____。

(5) 创建时间:_____。

8. 压缩软件的使用

(1) 如果你的计算机没有安装压缩软件,可尝试下载安装任意一款压缩软件,如 360 压缩软件。

(2) 利用 360 压缩软件压缩任意一个文件夹或对压缩文件包解压缩。

【习题 2.2】(实验 2.2)　Windows 10 的文件和磁盘管理

(默认情况下,Windows 10 安装在 C 盘)

1. 打开"设备管理器"窗口,了解你所使用的计算机,记录下列信息

(1) 计算机：基于＿＿＿＿＿＿＿＿的电脑。
(2) 处理器 CPU 个数：＿＿＿＿。主频：＿＿＿＿ GHz。
(3) 显示适配器型号：＿＿＿＿＿＿＿＿。

2．浏览计算机硬盘，记录 C 盘的信息

(1) 文件系统(类型)：＿＿＿＿＿＿＿＿。
(2) 已用空间：＿＿＿＿＿＿＿＿ GB。
(3) 可用空间：＿＿＿＿＿＿＿＿ GB。
(4) 容量(总)：＿＿＿＿＿＿＿＿ GB。

3．浏览 Windows 文件夹

打开一个包含多个文件和文件夹的 D 盘(或 E 盘)，在该窗口中完成如下操作。

(1) 分别用大图标、中图标、小图标、列表、详细信息等方式浏览 Windows 文件夹和文件，观察各种显示方式的区别。

(2) 分别按名称、修改日期、类型和大小对 Windows 文件夹和文件进行排序，观察 4 种排序方式的区别。

4．文件的创建、移动和复制

(1) 任选一个盘，如在 F 盘根目录下创建图 2-34 所示的文件目录。

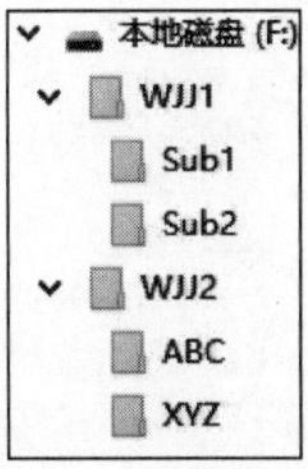

(2) 在桌面上建立两个文本文件 t1.txt 和 t2.txt。
(3) 将桌面上的 t1.txt 移动到 F:\WJJ1。
(4) 将桌面上的 t1.txt 复制到 F:\WJJ1\Sub1。
(5) 将桌面上的 t1.txt 复制到 F:\WJJ1\Sub2。
(6) 将桌面上的 t2.txt 移动到 F:\WJJ2\ABC。
(7) 将 F:\WJJ1\Sub2 文件夹移动到 F:\WJJ2\XYZ。要求移动整个文件夹，而不仅仅是移动其中的文件，即经过移动后 Sub2 成为 XYZ 的子文件夹。
(8) 将 F:\WJJ2\ABC 用快捷菜单中的"发送"命令发送到桌面上，然后观察在桌面上创建的是文件夹还是文件的快捷方式。

图 2-34 文件目录

5．设置文件夹选项

(1) 显示隐藏的文件、文件夹或驱动器。
(2) 隐藏受保护的操作系统文件。
(3) 显示已知文件类型的扩展名。
(4) 设置浏览文件夹的方式为"在不同窗口中打开不同的文件夹"。

6．文件的删除与恢复

(1) 删除桌面上的文件 t1.txt。
(2) 恢复刚刚被删除的文件。
(3) 使用 Shift＋Delete 键删除桌面上的文件 t1.txt，观察回收站中是否有该文件。

7．设置属性

查看 F:\WJJ1\t1.txt 文件属性，并把它设置为"只读"和"隐藏"。

8．搜索文件或文件夹

(1) 查找 C 盘中大于 500MB 的文件或文件夹。

（2）查找 E 盘中上个月修改过的扩展名为 jpg 的文件。

9. 打开"碎片整理和优化驱动器"窗口，设置自动优化频率为每周一次。

10. 将 U 盘中的所有文件和文件夹复制到硬盘上，然后对其格式化，并用自己的学号设置卷标号，最后再将原文件和文件夹重新复制到 U 盘上。

第 3 章　Word 2016 文字处理软件

Word 是使用较广泛的文字处理软件之一,是微软公司 Office 办公软件的重要成员。Word 的版本跟随 Office 在不断更新,目前 Office 最新版本为 2021 版,本书是以 2016 版为蓝本。

学习目标
- 熟悉 Word 2016 的窗口界面。
- 掌握 Word 文档的基本操作。
- 掌握文档的输入、编辑和排版操作。
- 掌握图形处理和表格处理的基本操作。
- 熟悉复杂的图文混排操作。

3.1　Word 2016 概述

3.1.1　Word 2016 的基本功能

作为文字处理软件,Word 2016 不仅继承了以前版本的优点,还展示了许多新特性,具有如下基本功能。

(1) 文档管理功能。文档的建立、形式多样的文档、以多种格式保存、文档自动保存、文档加密和意外情况恢复等,以确保文件的安全性和通用性。

(2) 编辑功能。对文档内容的多途径输入,包括语音和多种手写输入功能,更好地体现了"以人为本"的特点,并且在输入过程中,可自动更正错误、检查拼写、转换中文简繁体、查找与替换等。

(3) 基本排版功能。提供对字体、段落、页面的多种基本排版格式。

(4) 高级排版功能。提供对文档的修饰和自动处理功能,如分栏、首字下沉、建立目录、邮件合并等。

(5) 表格处理。表格的建立、编辑、格式化、统计、排序等。

(6) 图形处理。建立、插入多种形式的图形,对图形的编辑、格式化,图文混排等。

3.1.2　Word 2016 窗口界面

启动 Word 2016 后,首先显示其窗口界面。Word 2016 窗口主要由快速访问工具栏、选项卡和功能区、标题栏、文档编辑区、状态栏等部分组成,如图 3-1 所示。

1. 快速访问工具栏

快速访问工具栏可以快速访问使用频繁的工具,默认情况下仅显示"保存""撤销""恢

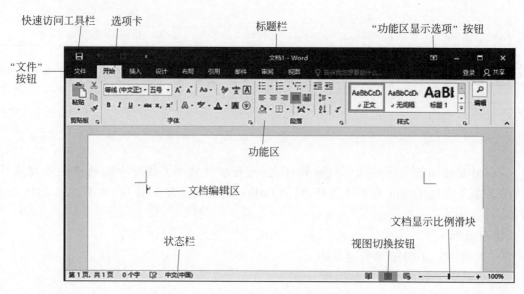

图 3-1　Word 2016 窗口

复"3 个命令按钮。用户可通过单击"快速访问工具栏"右侧的"自定义快速访问工具栏"按钮，在弹出的下拉列表中选择相应命令，从而自定义快速访问工具栏。

2. "文件"按钮

"文件"按钮用于实现对文件的管理，其常见操作包括文件的"新建""打开""保存""另存为""打印"等。与以前版本不同的是，在 Word 2016 中，当选择某命令时分为左右两个区域显示，左侧为选项区，右侧显示其下一级的全部按钮或操作选项。

3. 选项卡

从 Word 2007 版本开始取消了传统的菜单操作方式，转而采用 Ribbon 界面，即用选项卡和功能区来替代。功能区是一个动态的带状区域，选择某选项卡，则打开其所对应的功能区。

通常情况下，Word 2016 窗口包含"开始""插入""设计""布局""引用""邮件""审阅""视图"等常见选项卡。对于某些操作，软件会自动添加与操作相关的选项卡，如插入或选中图片时，软件会自动在常见选项卡右侧添加"图片工具"→"图片格式"选项卡，方便用户对图片的操作。当文档中插入的对象消失或未被选中时，该选项卡便随之消失，故称动态选项卡。

4. 功能区

功能区用于显示某选项卡下的各个功能组，例如图 3-1 中显示的是"开始"选项卡下的"剪贴板""字体""段落""样式""编辑"等功能组，组内列出了相关的命令按钮。某些功能组右下角有一个"对话框启动器"按钮，单击此按钮可打开一个与该组命令相关的对话框或者窗格，如"字体"对话框、"样式"窗格等，以便对相应的功能进行更加全面的精确设置。

【注意】　单击窗口右上角的"功能区显示选项"按钮，可选择"自动隐藏功能区""显示选项卡""显示选项卡和命令"等。

5. 文档编辑区

文档编辑区是对文档进行输入和编辑的区域。在文档编辑区有一个不断闪烁的插入点

"|",表示用户当前的输入和编辑位置。文档编辑区左边的区域称为"选定区",当光标移到该区域,会自动变成向右倾斜的空心箭头,此时单击并上下拖曳可快速选定文本块。

6. 视图切换按钮

窗口右下角的视图切换按钮可以对文档选择不同的显示方式,有"阅读视图""页面视图""Web 版式视图"3 个按钮;在"视图"|"视图"分组中,有 5 个视图按钮,可以选择更多的显示方式。

7. 状态栏

状态栏用于显示文档的信息:当前第几页、文档共几页以及文档字数等。

8. 文档显示比例滑块

拖曳滑块使文档按比例显示,方便用户查看文档。

9. 标尺显示/隐藏

标尺用于排版时对文档、图片、表格等进行定位。通过"视图"|"显示"分组中的标尺复选框的设置状态,控制水平标尺和垂直标尺显示与否。

3.1.3 文档视图

通过"视图"|"视图"分组中的相应视图按钮来选择文档的显示方式,共有 5 种视图模式。

1. 页面视图

页面视图是 Word 默认视图,该视图中显示的效果和打印的效果完全一致。在页面视图中可看到页眉、页脚、水印和图形等各种对象在页面中的实际位置,便于用户对页面中的各种对象元素进行编辑。一般对文档的编辑和排版均使用该模式。

2. 阅读视图

在该视图模式中,文档将全屏显示,一般用于阅读长文档,用户可对文字进行勾画和批注。阅读视图还自动隐藏了完整的功能区,仅提供了"文件""工具""视图"3 个适合阅读的选项卡。

3. Web 版式视图

Web 版式视图专为浏览和编辑 Web 网页而设计,它能够模仿 Web 浏览器来显示 Word 文档。例如,文档将显示为一个不带分页符的长页,并且文本和表格将自动换行以适应窗口的大小。

4. 大纲视图

大纲视图就像是一个树状的文档结构图,常用于编辑长文档,如论文、标书等。大纲视图是按照文档中标题的层次来显示文档的,可将文档折叠起来只看主标题,也可将文档展开查看整个文档的内容。

5. 草稿视图

草稿视图是 Word 2016 中最简化的视图模式,在该视图模式中,只会显示文档中的文字信息,而不显示文档的装饰效果,常用于文字校对。

3.2 Word 2016 基本操作

Word 2016 的基本操作主要包括文档的创建与保存、文档的输入与编辑。

3.2.1 文档的创建与保存

1. 创建文档

创建 Word 文档有多种方式,常采用以下两种方式。

(1) 启动 Word 2016 应用程序,自动创建一个文件名为"文档1"的新文档,即可输入和编辑文档。

(2) 选择"文件"|"新建"命令,右边窗口会显示各种模板的文档,选择某一个需要的模板,然后进行编辑和保存,便可创建一个专业化的文档;如果选择空白文档,则创建一个文件名为"文档1"的新文档。

【说明】 模板,即 Word 模板,是指 Microsoft Word 中内置的包含固定格式设置和版式设置的模板文件,扩展名为".dotx",用于帮助用户快速生成特定类型的 Word 文档。在 Word 中,空白文档也有它的模板,即"Normal"型空白文档模板。

2. 保存文档

(1) 通常保存文档可选择"文件"|"保存"命令,也可直接单击"快速访问工具栏"上的"保存"按钮保存。

(2) Word 2016 新增功能可选择保存在云端,在联机情况下单击"OneDrive"按钮登录或者单击"添加位置"按钮设置云端账户登录到云端存储,以该方式存储的文档可以与他人共享。

(3) 对于以下几种情况,就必须选择"文件"|"另存为"命令,在打开的"另存为"界面中进行保存。

① 改变文件名。
② 改变文件的存放位置。
③ 改变文件的类型。
④ 保留原文档。

【例3.1】 将已经处理过的 Word 文档保存为".pdf"格式的文档,以便在不同环境下显示与打印;保存为".doc"的文档,便于在 Word 的低版本中使用;保存为".dotx"的文档,以便留作 Word 模板使用。

【操作解析】 选择"文件"|"另存为"命令,在打开的"另存为"界面中,选择并双击文件保存位置,在弹出的"另存为"对话框中输入文件名,在"保存类型"下拉列表中选择"PDF(*.pdf)"选项,如图 3-2 所示。要将文档保存为".doc"或".dotx"的文档,方法类似,只要在"保存类型"下拉列表中分别选择"Word 97-2003 文档(*.doc)"选项或"Word 模板(*.dotx)"选项即可。

3.2.2 输入文档

在文字处理软件中,输入的途径有多种,包括键盘输入、联机手写体输入和扫描输入等,本书仅介绍键盘输入。下面首先介绍向文档中输入文本的一般方法。

1. 定位"插入点"

在 Word 文档的输入编辑状态下,光标起着定位的作用,光标的位置即对象的"插入点"位置。定位"插入点"可通过键盘和鼠标的操作来完成。

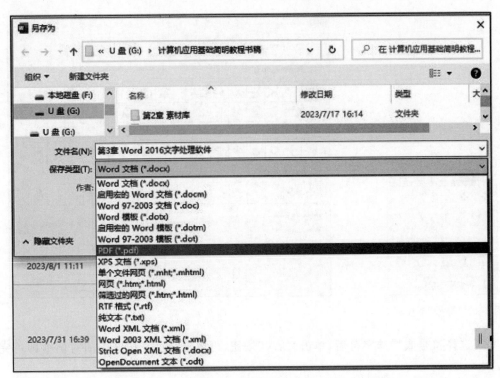

图 3-2 "另存为"对话框

(1) 用键盘快速定位"插入点"。
① Home 键：将"插入点"移到所在行的行首。
② End 键：将"插入点"移到所在行的行尾。
③ PgUp 键：上翻一屏。
④ PgDn 键：下翻一屏。
⑤ Ctrl+Home：将"插入点"移动到文档的开始位置。
⑥ Ctrl+End：将"插入点"移动到文档的结束位置。
(2) 用鼠标单击直接定位"插入点"。

2．输入文本的一般方法和原则

在文档中除了可以输入汉字、数字和字母，还可以插入日期和一些特殊的符号。

在输入文本过程中，由于 Word 具有自动换行功能，因此当输入到每一行的末尾时不要按 Enter 键，Word 会自动换行；只有当一个段落结束时才需要按 Enter 键，此时将在插入点的下一行重新创建一个新的段落，并在上一个段落的结束处显示段落结束标记。

3．插入符号

输入中文标点符号，只需在中文输入状态下直接按键盘上的标点符号键。

在文档中插入其他符号可以使用 Word 的插入符号功能，操作方法如下。

(1) 将插入点定位到需要插入符号的位置，在"插入"|"符号"分组中单击"符号"按钮，从弹出的下拉列表中选择需要的符号，如图 3-3 所示。

(2) 如下拉列表中的符号不能满足要求，再选择"其他符号"选项，打开"符号"对话框，在"符号"或"特殊字符"选项卡下可分别选择所需要的符号或特殊字符，如图 3-4 所示。

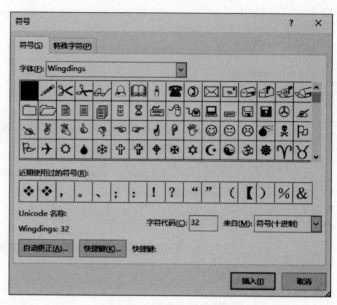

图 3-3 "符号"下拉列表　　　　　图 3-4 "符号"对话框

(3) 选择符号或特殊字符后,单击"插入"按钮,再单击"关闭"按钮关闭对话框即可完成操作。

在文档中插入符号还可以按 Win+;组合键,或单击输入法状态条中的"表情符号/符号"按钮,打开"表情符号"对话框,然后在 Ω 选项卡下选择所需符号,如图 3-5 所示。

4. 插入文件

插入文件是指将另一个 Word 文档中的内容插入当前 Word 文档的插入点,使用该功能可以将多个文档合并成一个文档,操作步骤如下。

(1) 定位插入点,在"插入"|"文本"分组中单击"对象"下拉按钮。

(2) 从下拉列表中选择"文件中的文字"选项,如图 3-6 所示,打开"插入文件"对话框,如图 3-7 所示。

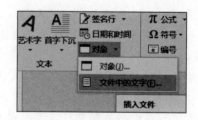

图 3-5 "表情符号"对话框　　　　　图 3-6 "对象"下拉列表

(3) 在"插入文件"对话框中选择所需文件,然后单击"插入"按钮,插入文件内容后系统会自动关闭对话框。

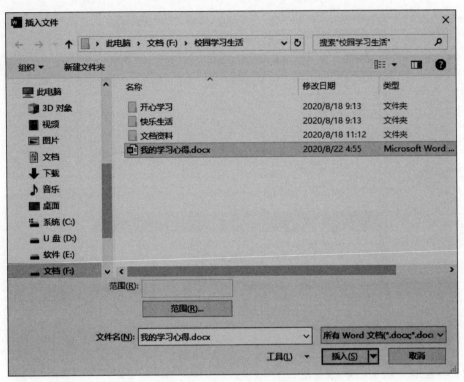

图 3-7 "插入文件"对话框

5. 插入数学公式

编辑文档时常常需要输入数学符号和数学公式,可以使用 Word 提供的"公式编辑器"来输入。例如要建立如下数学公式:

$$f(x)=a_0+\sum_{n=1}^{\infty}\left(a_n\cos\frac{n\pi x}{L}+b_n\sin\frac{n\pi x}{L}\right)$$

可采用如下输入方法和步骤。

(1) 将"插入点"定位到需要插入数学公式的位置,在"插入"|"符号"分组中单击"公式"的下拉按钮,在弹出的下拉列表中选择所需公式,如图 3-8 所示。

(2) 如在下拉列表中找不到所需公式,则在联机情况下,可以单击"Office 中的其他公式"命令扩展寻找范围进行查找。

3.2.3 编辑文档

编辑文档是对输入内容进行修改、复制、移动、查找与替换、撤销和恢复等操作,以确保内容正确,这需要使用文字处理软件提供的编辑功能来完成。

1. 文本的选定

编辑文档首先必须选定文本,对文本的选定方法有多种,下面仅介绍常用的 3 种。

(1) 连续文本区的选定。

将光标移动到需要选定文本的开始处,按下鼠标左键拖曳至需要选定文本的结尾处,释放左键;或者单击需要选定文本的开始处,按住 Shift 键在文本结尾处再次单击,被选中的文本呈反显状态。

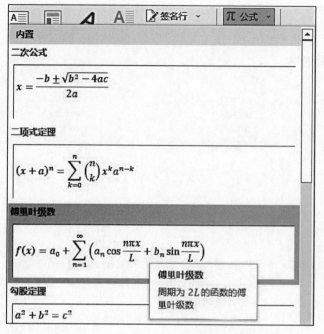

图 3-8 "公式"按钮的下拉列表

(2) 不连续多块文本区的选定。

在选择一块文本之后,按住 Ctrl 键选择另外的文本,则多块文本可同时被选中。

(3) 选中整篇文档,直接按 Ctrl+A 组合键。

2. 文本的复制与移动

复制与移动文本常使用以下两种方法。

(1) 使用鼠标左键拖曳。

选中需要复制与移动的文本,按住鼠标左键拖曳至目标位置为移动,在按住鼠标左键的同时按住 Ctrl 键拖曳至目标位置为复制。

(2) 使用剪贴板。

选中需要复制与移动的文本,在"开始"|"剪贴板"分组中单击"复制"按钮或"剪切"按钮;将光标移至目标位置,再单击"剪贴板"组中的"粘贴"按钮。单击"复制"按钮实现的是复制,单击"剪切"按钮实现的是移动。

3. 文本的删除

如果要删除一个字符,可以将插入点移动到待删除字符的左边,然后按 Delete 键;也可以将插入点移动到待删除字符的右边,然后按 BackSpace 键;如果要删除一个连续的文本区域,首先选定需要删除的文本,然后按 BackSpace 键或按 Delete 键均可。

4. 文本的查找与替换

查找与替换是提高文本编辑效率的常用操作。根据输入所要查找或替换的内容,系统可自动在规定的范围或全文范围内进行定位,然后可手动逐一替换或自动全部替换。

查找或替换不仅可以作用于具体的文字,也可以作用于格式、特殊字符、通配符等。

在进行查找和替换操作之前,需要在打开的"查找和替换"对话框中,注意查看"搜索选项"栏中的各个选项的含义,如表 3-1 和图 3-9 所示。

表 3-1 "搜索选项"栏中常用选项的含义

选项名称	操作含义
全部	整篇文档
向上	插入点到文档开始处
向下	插入点到文档结尾处
区分大小写	查找或替换字母时区分字母的大小写
全字匹配	查找时只有完整的词才能被找到
使用通配符	可用"?"或"*"分别代表任意一个字符或任意一个字符串
区分全/半角	查找或替换时,所有字符需区分全/半角
忽略空格	查找或替换时,空格将被忽略

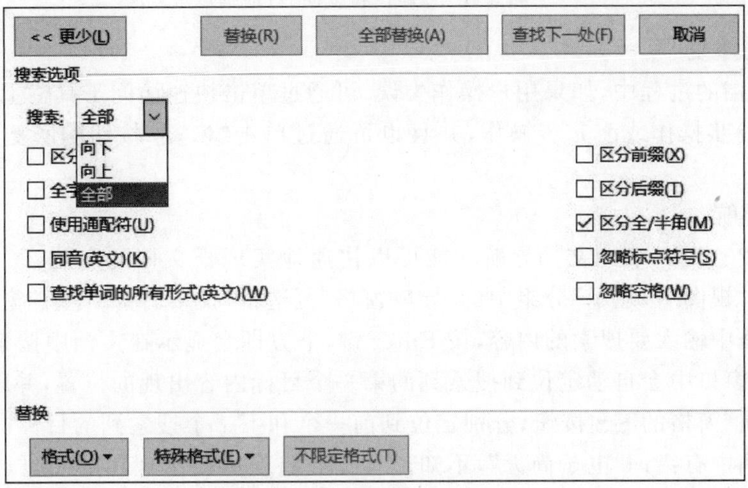

图 3-9 "搜索选项"栏

【例 3.2】 进入"第 3 章素材库\例题 3"下的"例 3.2"文件夹,打开"LT3.2(素材).docx"文档,将文中的"<标题>""<正文开始>""<正文结束>"在不删除的情况下使其隐藏起来不被显示,将错词"电子尚无"替换为"电子商务",然后以文件名"LT3.2(样张).docx"保存于"例 3.2"文件夹中。

【操作解析】

(1) 选中文中的"<标题>""<正文开始>""<正文结束>"文本,在"字体"对话框的"效果"栏选中"隐藏"复选框即可。

(2) 将光标定位于文档开始处,在"开始"|"编辑"分组中单击"替换"按钮,打开"查找和替换"对话框,如图 3-10 所示。

(3) 在"查找内容"文本框中输入"电子尚无",在"替换为"文本框中输入"电子商务",单击"全部替换"按钮,弹出"Microsoft Word"对话框(提示替换处数),如图 3-11 所示。

(4) 单击"确定"按钮,完成替换操作。然后关闭对话框。

(5) 按要求保存文档。

【提示】 因为此处对替换文本无格式要求,所以不必单击"更多"按钮展开对话框,进一步对替换文本进行格式设置。

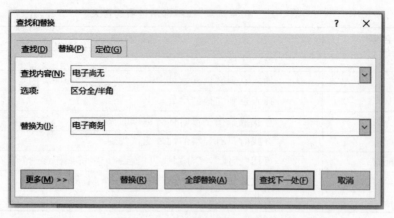

图 3-10 "查找和替换"对话框

5. 撤销与重复

在编辑文档的过程中,如果用户操作失误,可通过单击快速访问工具栏上的"撤销"按钮，恢复到前一步操作或前 n 步操作,并且也可通过单击"恢复"按钮恢复到撤销动作前的状态。

6. 文档导航

在 Word 2016 中,利用文档导航功能可以快速地实现长文档的定位,还可以重排结构等。单击选中"视图"|"显示"分组中的"导航窗格"复选框,便可打开"导航"窗格,在"在文档中搜索"文本框中输入要搜索的内容,按 Enter 键,下方即会显示在文档中搜索到的个数,并且右侧的文档窗口中会自动定位到搜索到的第一个目标内容出现的位置,并以高亮度显示;通过单击"导航"窗格的按钮,分别定位到前一个和下一个搜索到的目标内容位置。

例如,文档中有错词"电子尚无",不知道有几处错误以及出现在第几页,这个时候就可以使用文档导航功能查找。方法是:在"在文档中搜索"文本框中输入"电子尚无",按 Enter 键,下方即会显示搜索到的个数并指向第 1 个错误位置,错误出现的页面也显示在下方。此处显示 4 个错误,错误出现在第 8 页和第 10 页,文档中的错词呈突出显示状态,如图 3-12 所示。此时,用户便可进入相应页面进行修改。

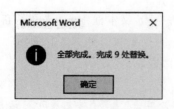

图 3-11 "Microsoft Word"对话框

图 3-12 导航窗格

3.3　Word 文档的基本排版

文本输入、编辑完成以后就可以进行排版操作了。下面先介绍 Word 文档的基本排版，然后再介绍高级排版。基本排版主要包括文字格式、段落格式和页面格式的设置。

3.3.1　设置文字格式

文字格式，即字符格式，是以若干文字为对象进行的格式化。常见的格式化有：字体、字号、字形、字体颜色、文本效果、字符间距、字符宽度、字符位置、字符底纹、字符边框、中文加拼音等。部分字符格式效果如图 3-13 所示。

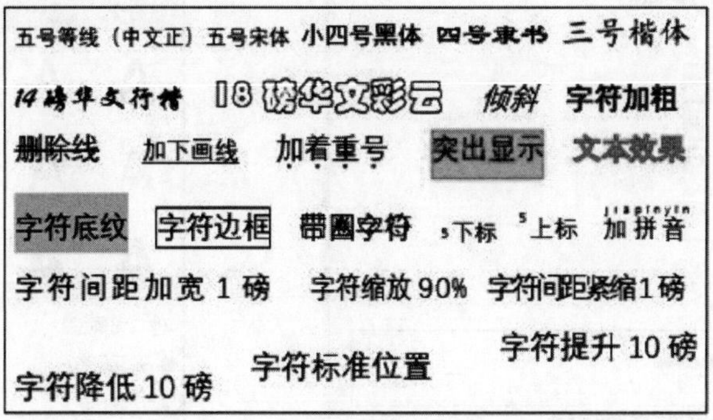

图 3-13　部分字符格式效果

在设置文字格式时要先选定需要设置格式的文字，如果在设置之前没有选定任何文字，则设置的格式仅对后来输入的文字有效。

设置文字格式有两种方法，一种是在"开始"|"字体"分组中单击相应的命令按钮进行设置，如图 3-14 所示；另一种是单击"字体"按钮，在打开的"字体"对话框中进行更详细的设置。"字体"对话框中的"字体"选项卡可以对文字的字体进行常规设置，"高级"选项卡可对文字进行字符缩放、字符间距和字符位置等的设置，如图 3-15 所示。

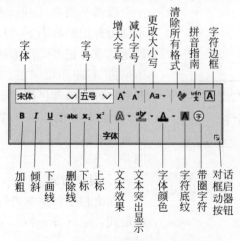

图 3-14　"开始"|"字体"分组全体按钮

Word 2016 提供了"文本效果"的设置功能,可以通过单击"文本效果"按钮对文字进行外观美化处理,包括轮廓、阴影、映像、发光等具体效果,从而使文字具有更专业的艺术效果,如图 3-16 所示。

图 3-15 "高级"选项卡

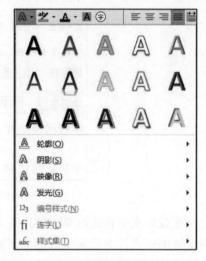

图 3-16 文本效果

3.3.2 设置段落格式

段落是文字、图形、表格等对象的集合。在显示编辑标记的状态下,每个段落后面都会出现一个段落结束标记符。段落格式设置包括对齐方式、段落缩进、行距和段间距、项目符号和编号以及边框和底纹等。段落格式设置可通过选择"开始"|"段落"分组中的相应命令按钮实现,如图 3-17 所示,也可在打开的"段落"对话框中进行设置,如图 3-18 所示。

1. 对齐方式

在文档中对文本进行对齐方式设置,一般有 5 种形式:左对齐、居中、右对齐、两端对齐和分散对齐。

"两端对齐"是通过词与词之间自动增加空格

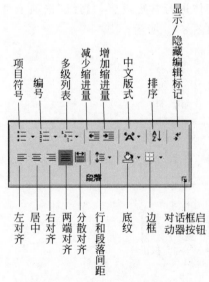

图 3-17 "段落"分组全体按钮

图 3-18 "段落"对话框

的宽度,使正文沿左右页边对齐。"两端对齐"的段落对齐方式对于英文文本特别有效,因为可以有效防止出现一个单词跨两行的情况;而对于中文文本,效果基本等同于"左对齐"。

"分散对齐"是以字符为单位,均匀地分布在每一行上,对中英文均有效。

2. 缩进方式

对于普通的文档段落,一般都习惯首行缩进两个汉字。当然有的时候为了强调某些段落,也会适当进行缩进。缩进方式有以下 4 种。

(1) 左缩进：控制段落左边界（包括首行缩进和悬挂缩进）缩进的位置。

(2) 右缩进：控制段落右边界缩进的位置。

(3) 首行缩进：控制段落中第一行第一个字符的起始位置。实施首行缩进操作后，被操作段落的第一行相对于其他行向右侧缩进一定距离。

(4) 悬挂缩进：控制段落中首行以外的其他行的起始位置。实施悬挂缩进操作后，各段落除第一行以外的其余行向右侧缩进一定距离。

在水平标尺上有3个缩进滑块（其中悬挂缩进和左缩进为一个缩进滑块），如图3-19所示，但可进行4种缩进操作，即悬挂缩进、首行缩进、左缩进和右缩进。用鼠标拖动"首行缩进"滑块，可控制段落的第一行第一个字的起始位置；用鼠标拖动"左缩进"滑块，可控制段落中除第一行以外的其他行的起始位置；用鼠标拖动"右缩进"滑块，可控制段落右缩进的位置。

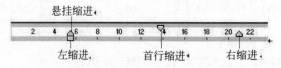

图3-19　水平标尺上的3个缩进滑块

设置段落缩进方式，既可以直接在水平标尺上拖动缩进滑块设置，也可以在"段落"对话框中精确设置。

【提示】　要想显示标尺，只要选中"视图"|"显示"分组中的"标尺"复选框即可。

3. 段间距和行距

段间距指段与段之间的距离，包括段前间距和段后间距。段前间距是指选定段落与前一段落之间的距离；段后间距是指选定段落与后一段落之间的距离。

行距指各行之间的距离，包括单倍行距、1.5倍行距、2倍行距、多倍行距、最小值和固定值。

4. 项目符号和编号

提纲性质的文档称为列表，文档中的所有段落就是列表，列表中的每一项称为项目。可通过编号和项目符号方式对列表进行格式化，使这些文档内容突出、层次鲜明。当然，在增加或删除项目时，系统会自动对编号进行调整。

(1) 项目符号。

项目符号是给列表中的每一项设置相同的符号，可以是字符，也可以是图片。选定要设置项目符号的列表（段落），单击"开始"|"段落"分组中的"项目符号"下拉按钮，在下拉列表中选择所需的符号，如图3-20所示。也可在列表中选择"定义新项目符号"选项，打开其对话框，选择所需的项目符号。

(2) 编号。

编号一般为连续的数字、字母，根据层次的不同，会有相应的编号。选定要设置编号的列表（段落），单击"开始"|"段落"分组中的"编号"下拉按钮，在下拉列表中选择所需的编号类型。还可在列表中选择"定义新编号格式"选项，打开其对话框，如图3-21所示，设置所需的格式。"编号"下拉按钮中的"设置编号值"选项可以设置编号的起始值，从而实现对列表编号的动态调整。

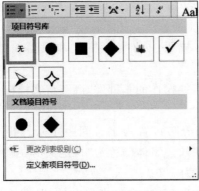

图 3-20 "项目符号"下拉列表　　　　图 3-21 "定义新编号格式"对话框

5. 边框和底纹

添加边框和底纹的目的是使内容更加醒目。单击"开始"|"段落"分组中的"边框"下拉按钮,在弹出的下拉列表中选择"边框和底纹"选项,打开"边框和底纹"对话框,如图 3-22 所示。

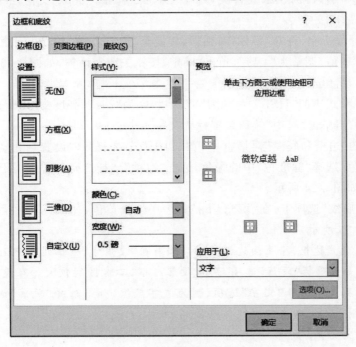

图 3-22 "边框和底纹"对话框

(1)"边框"选项卡。

对选定的段落或文字加边框,可选择边框线的样式、颜色、宽度等外观效果。可在"应用于"下拉列表中选择"文字"表示为字符加边框,如果选择"段落"则为段落边框。

(2)"页面边框"选项卡。

对页面设置边框,各项设置同"边框"选项卡,仅增加了"艺术型"下拉列表,其适用于整篇文档或某些章节。

(3)"底纹"选项卡。

用于对选定的段落或文字设置底纹,在"应用于"下拉列表中选择"文字"即为"文字"底纹,选择"段落"则为段落底纹。其中,"填充"为底纹的背景色;"样式"为底纹的图案(填充点的密度等);"颜色"为底纹内填充点的颜色,即前景色。

下面通过【例3.3】来进一步说明文档基本排版中的字符格式和段落格式的设置方法。

【例3.3】 在【例3.2】完成错词"电子尚无"替换操作的基础上,继续将文档按如下要求排版后,保存于"例3.3"文件夹中。

(1)标题段文字("1.国内企业申请的专利部分")设置为字符间距1磅、四号、华文行楷、加粗、居中,绿色边框、边框宽度为3磅、黄色底纹。字体颜色为"自定义",在颜色模式中选择HSL,色调设置为5,饱和度设置为221,亮度为136。

(2)正文("根据我国企业申请的……围绕认证、安全、支付来研究的。")字体设置为楷体、五号,首行缩进2字符,行距设置为18磅。

(3)为第一段("根据我国企业申请的……覆盖的领域包括:")和最后一段("如果和电子商务知识产权……围绕认证、安全、支付来研究的。")间的8行内容设置项目符号◆。

【操作解析】 进入"例3.2"文件夹,打开"LT3.2(样张).docx"文档,继续如下操作。

(1)设置标题段文字。

① 选中标题段文字,打开"字体"对话框,切换至"高级"选项卡,在"间距"下拉列表中选择"加宽"选项,"磅值"调整为"1磅",单击"确定"按钮关闭对话框,如图3-23所示。

② 在"字体"组单击相应按钮分别设置字体为华文行楷,字号为四号;字体颜色为"自定义",选择颜色模式中的"HSL",色调为"5"、饱和度为"221"、亮度为"136";加粗。

③ 在"段落"组单击"居中"按钮设置标题文字居中。

④ 在打开的"边框和底纹"对话框中,在"边框"选项卡下,"设置"栏选择"方框"选项,"样式"栏的"颜色"选择"标准色"中的绿色,边框"宽度"选择3磅,在"应用于"下拉列表中选择"文字"选项,如图3-24所示。

⑤ 切换至"底纹"选项卡,在"填充"下拉列表中选择黄色,"应用于"下拉列表中选择"文字"选项,如图3-25所示。

【提示】 在设置边框(除页面边框外)时,如果在"应用于"下拉列表中选择"文字"选项,则为文字边框;如果选择"段落"选项,则为段落边框,二者区别较大。在设置底纹时,如果在"应用于"下拉列表中选择"文字"选项,则为文字底纹,如果选择"段落"选项则为段落底纹,二者同样区别较大。四者的比较如图3-26所示。

(2)设置正文文字。

① 选中正文文字,在"开始"|"字体"分组中设置字体为楷体、五号。

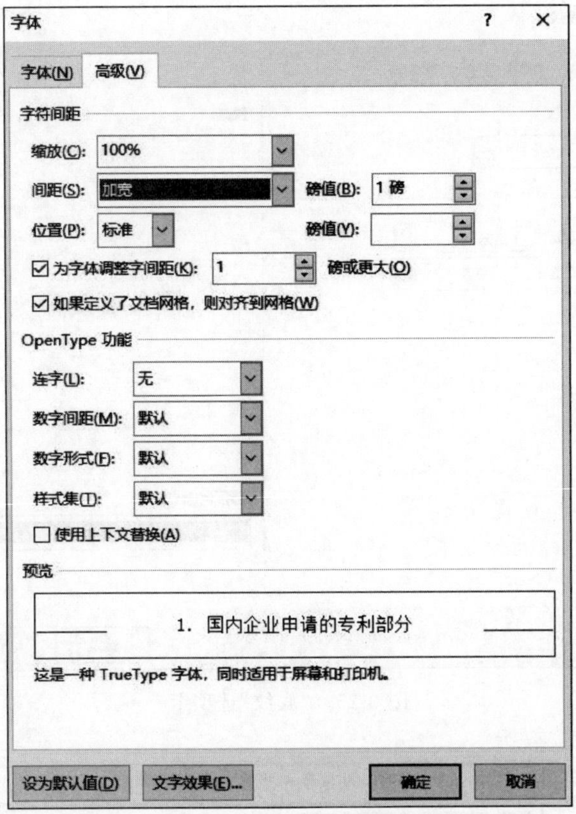

图 3-23 "高级"选项卡

图 3-24 "边框"选项卡

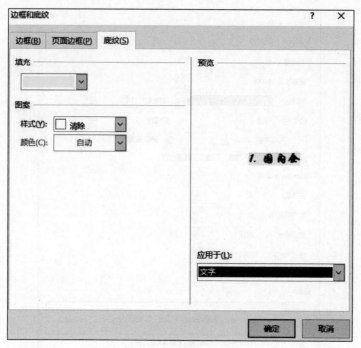

图 3-25 "底纹"选项卡

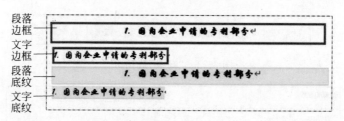

图 3-26 段落边框和文字边框与段落底纹和文字底纹的比较

② 在"段落"对话框的"缩进"栏,在"特殊"下拉列表中选择"首行"选项,"缩进值"调整为 2 字符;在"间距"栏的"行距"下拉列表中选择"固定值"选项,"设置值"调整为 18 磅,单击"确定"按钮,关闭"段落"对话框,如图 3-27 所示。

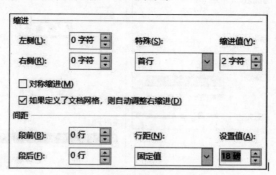

图 3-27 "缩进"栏和"间距"栏

(3) 设置项目符号。

① 选中"电子支付……数据库技术"8 行(8 段)文字。

② 单击"开始"|"段落"分组中的"项目符号"下拉按钮,弹出其下拉列表,如图 3-28 所示,选择所需符号插入即可。

(4) 保存文档。

选择"文件"按钮的"另存为"命令,打开"另存为"界面,保存位置选择例 3.3 文件夹,以文件名"LT3.3(样张).docx"保存。

3.3.3 设置页面格式

设置文档的页面格式,主要是为了文档的整体美观和输出效果。文档的页面格式设置主要

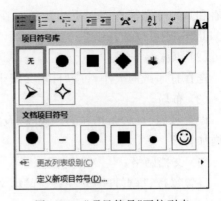

图 3-28 "项目符号"下拉列表

包括页面排版、分页与分节、插入页码、插入页眉和页脚、页面背景以及预览与打印等。页面格式设置一般是针对整个文档而言的。

1. 页面排版

Word 在新建文档时采用默认的页边距、纸型、版式等页面格式,用户可根据需要重新设置页面格式。在设置页面格式时,首先必须切换至"布局"选项卡的"页面设置"组,"页面设置"组中的按钮如图 3-29 所示。单击其右下角的"页面设置"按钮,可打开"页面设置"对话框,如图 3-30 所示,该对话框中包括 4 个选项卡。

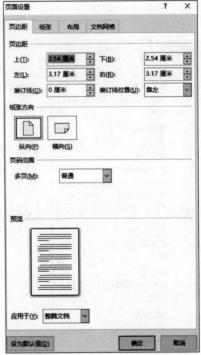

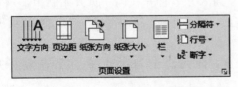

图 3-29 "页面设置"组按钮

图 3-30 "页面设置"对话框

(1) 页边距。

页边距是指打印文本与纸张边缘的距离。Word 通常在页边距以内打印正文,而页码、

页眉和页脚等则都打印在页边距上。在设置页边距的时候,可以添加装订边,便于后期装订。此外,还可以选择纸张方向等。

(2) 纸张。

选择打印纸的大小,可以自定义纸张大小。

(3) 布局。

设置页眉、页脚距边界的距离,以及奇页、偶页、首页的页眉和页脚的内容,还可以为每行增加行号。

(4) 文档网络。

设置每行、每页打印的字数、行数,文字排列的方向,以及行、列网格线是否需要打印等格式。

2. 分页与分节

(1) 分页。

在 Word 中输入文本,当文档内容到达页面底部时 Word 会自动分页。但有时在一页未写完时就希望开始新的一页,这时就需要通过手工插入分页符来强制分页。

对文档进行分页的操作步骤如下。

① 将插入点定位到需要分页的位置。

② 单击"布局"|"页面设置"分组中的"分隔符"按钮,如图 3-29 所示。

③ 在打开的"分隔符"下拉列表中选择"分页符"选项,即可完成对文档的分页,如图 3-31 所示。

分页的最简单方法是将插入点移到需要分页的位置,按 Ctrl+Enter 组合键。

(2) 分节。

为了便于对文档进行格式化,可以将文档分隔成任意数量的节,然后根据需要分别为每节设置不同的样式。一般在建立新文档时 Word 将整篇文档默认为是一个节。分节的具体操作步骤如下。

① 将光标定位到需要分节的位置,然后单击"布局"|"页面设置"分组中的"分隔符"按钮。

② 在打开的"分隔符"下拉列表中列出了 4 种不同类型的分节符,如图 3-31 所示,选择文档所需的分节符即可完成相应的设置。

- 下一页:插入分节符并在下一页开始新节。
- 连续:插入分节符并在同一页开始新节。
- 偶数页:插入分节符并在下一个偶数页开始新节。
- 奇数页:插入分节符并在下一个奇数页开始新节。

3. 插入页码

页码用来表示每页在文档中的顺序编号,在 Word 中添加的页码会随文档内容的增删自动更新。

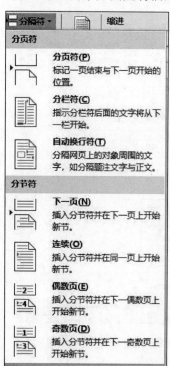

图 3-31 "分隔符"下拉列表

单击"插入"|"页眉和页脚"分组中的"页码"按钮,弹出其下拉列表,如图 3-32 所示,选择页码的位置和样式进行设置。如果选择"设置页码格式"选项,则打开"页码格式"对话框,可以对页码格式、起始页码值进行设置,如图 3-33 所示。

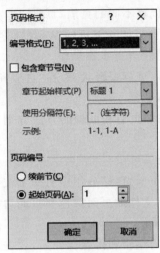

图 3-32 "页码"按钮的下拉列表　　图 3-33 "页码格式"对话框

若要删除页码,只要在"插入"|"页眉和页脚"分组中单击"页码"按钮,在打开的下拉列表中选择"删除页码"选项即可。

4. 插入页眉和页脚

页眉是指每页文稿顶部的文字或图形,页脚是指每页文稿底部的文字或图形。页眉和页脚通常用来显示文档的附加信息,例如页码、书名、章节名、作者名、公司徽标、日期和时间等。

(1) 插入页眉/页脚。

① 单击"插入"|"页眉和页脚"分组中的"页眉"按钮,弹出其下拉列表,选择"编辑页眉"选项,或者选择内置的任意一种页眉样式,又或者直接在文档的页眉/页脚处双击,进入页眉/页脚编辑状态。在页眉编辑区输入页眉的内容,同时 Word 会自动添加动态的"页眉和页脚工具-页眉和页脚"选项卡,如图 3-34 所示。

图 3-34 "页眉和页脚工具-页眉和页脚"选项卡

② 如果想输入页脚的内容,可单击"导航"组中的"转至页脚"按钮,转到页脚编辑区输入文字或插入图形内容。

(2) 设置首页不同的页眉/页脚。

对于书刊、信件、报告或总结等 Word 文档,通常需要去掉首页的页眉/页脚,这时可以按以下步骤操作。

① 进入页眉/页脚编辑状态,在"页眉和页脚工具-页眉和页脚"|"选项"分组中勾选"首页不同"复选框。

② 按上述添加页眉和页脚的方法在非首页页眉或页脚编辑区输入页眉或页脚。

(3) 设置奇偶页不同的页眉/页脚。

对于需要双面打印并装订的 Word 文档,有时需要在奇数页上打印书名、在偶数页上打印章节名,这时可按以下步骤操作。

① 进入页眉/页脚编辑状态,在"页眉和页脚工具-页眉和页脚"|"选项"分组中勾选"奇偶页不同"复选框。

② 按上述添加页眉和页脚的方法分别在奇数页和偶数页的页眉或页脚编辑区输入页眉或页脚的内容。

5. 页面背景

在"设计"|"页面背景"分组中有 3 个按钮:水印、页面颜色和页面边框。它们分别用于设置文档的水印、文档的页面颜色和页面边框。

6. 预览与打印

在完成文档的编辑和排版操作后,要先对其进行打印预览,如果不满意效果还可以进行修改和调整,满意后再对打印文档的页面范围、打印份数和纸张大小进行设置,然后将文档打印出来。

(1) 预览文档。

选择"文件"|"打印"命令,弹出打印界面,其中包含 3 部分,分别是左侧的选项列表、中间的"打印"命令选项栏和右侧的效果预览窗格,在右侧的窗格中可预览打印效果。

在打印预览窗格中可进行以下几种操作。

① 通过使用"显示比例"工具可设置适当的缩放比例进行查看。

② 在预览窗格的左下方可查看文档的总页数,以及当前预览文档的页码。

③ 通过拖动"显示比例"滑块可以将文档以单页、双页或多页方式进行查看。

在中间命令选项栏的底部单击"页面设置"选项,可打开"页面设置"对话框,使用此对话框可以对文档的页面格式进行重新设置和修改。

(2) 打印文档。

预览效果满足要求后即可对文档实施打印,打印的操作方法如下。

在"打印"界面中,在中间的"打印"命令选项栏设置打印份数、打印机属性、打印页数和双面打印等,设置完成后单击"打印"按钮即可开始打印文档。

【例 3.4】 在【例 3.3】完成对文档字符格式和段落格式设置的基础上,继续将文档按如下要求排版后,保存于例 3.4 文件夹中。

(1) 自定义页面纸张大小为"19.5 厘米(宽)×27 厘米(高度)";设置页面左、右边距为 3 厘米;为页面添加 1 磅、深红色(标准色)、"方框"型边框;设置页面颜色为"水绿色,个性色 5,淡色 80%"。

(2) 插入页眉、页脚。页眉内容为"我国的电子商务专利",字体为楷体、三号、居中,文本效果为"填充:红色,主题色 2;边框:红色,主题色 2";页脚内容为系统日期和时间,字体为楷体、小四号、加粗、深蓝色,文本右对齐。

(3) 在页面底端插入"椭圆形"样式页码,页脚底端距离 2 厘米,设置页码格式为"壹,贰,叁,……",起始页码为"贰"。

(4) 编辑文档属性信息:标题/我国的电子商务专利,单位/NCRE;插入内置"花丝"封面,封面文档标题、公司名称分别为文档属性中的标题和单位,日期为 2023-7-2,公司地址为重庆市渝北区。

【操作解析】 进入例 3.3 文件夹,打开"LT3.3(样张).docx"文件,继续如下操作。

(1) 页面设置。

① 打开"页面设置"对话框,切换至"纸张"选项卡,在"纸张大小"下拉列表中选择"自定义大小","宽度"调整为 19.5 厘米,"高度"调整为 27 厘米,如图 3-35 所示。

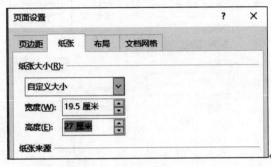

图 3-35 设置纸张大小

② 切换至"页边距"选项卡,在"页边距"栏,将左、右均调整为 3 厘米,如图 3-36 所示,单击"确定"按钮,关闭对话框。

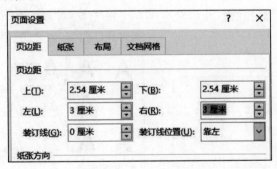

图 3-36 设置页边距

③ 在"设计"|"页面背景"分组中单击"页面边框"按钮,打开"边框和底纹"对话框,在"页面边框"选项卡下,在"设置"栏选择"方框"图标,"样式"栏选择实线,颜色选择深红色,宽度选择 1 磅,如图 3-37 所示,单击"确定"按钮。

④ 在"设计"|"页面背景"分组中单击"页面颜色"按钮,在其下拉列表中选择"主题颜色"中的"水绿色,个性色 5,淡色 80%"选项,如图 3-38 所示。

(2) 插入页眉、页脚。

① 在"插入"|"页眉和页脚"分组中单击"页眉"按钮,选择"编辑页眉"命令,同时打开"页眉和页脚工具-页眉和页脚"选项卡,在页眉编辑区输入"我国的电子商务专利",并设置字体为楷体、三号、居中,单击"文本效果"按钮,弹出其下拉列表,选择需要的文本效果,如图 3-39 所示。

② 单击"页眉和页脚工具-页眉和页脚"|"导航"分组中的"转至页脚"按钮,插入点跳至

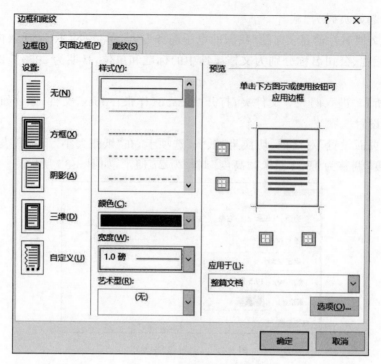

图 3-37 设置页面边框

页脚编辑区,单击"插入"分组中的"日期和时间"按钮,在弹出的下拉列表中选择某种日期和时间格式,先后插入日期和时间,并按要求设置字体字号,设置文本右对齐。

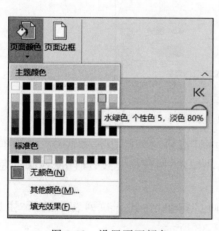

图 3-38 设置页面颜色

图 3-39 "文本效果"下拉列表

(3) 插入页码和设置页码格式。

① 单击"插入"|"页眉和页脚"分组中的"页码"下拉按钮,在其列表中选择"页码底端"级联菜单中的"椭圆形"选项。

② 设置"页眉和页脚工具-页眉和页脚"|"位置"分组中的"页脚底端距离"为"2厘米"。

③ 单击"页眉和页脚工具-页眉和页脚"|"页眉和页脚"分组中的"页码"下拉按钮,在其

下拉列表中选择"设置页码格式"选项,打开"页码格式"对话框,在"编号格式"中选中"壹,贰,叁,……",起始页码设置为"贰",单击"确定"按钮。

(4) 编辑文档属性和插入内置封面。

① 单击"文件"按钮,在打开的左窗格列表中选中"信息"选项,在右窗格单击"属性"|"高级属性"命令,打开"属性"对话框,在"摘要"选项卡下的"标题"栏输入"我国的电子商务专利",在"单位"栏输入"NCRE",单击"确定"按钮,如图 3-40 所示。

② 单击"插入"|"页面"分组中的"封面"下拉按钮,在其下拉列表中选中"花丝"型封面,如图 3-41 所示。在新插入封面中的"日期"框中输入"2023-7-2",在"公司地址"框中输入"重庆市渝北区"。

图 3-40 属性对话框的摘要选项卡

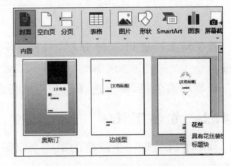

图 3-41 插入花丝封面

(5) 保存。

单击"文件"|"另存为"命令,在打开的"另存为"对话框中选择保存位置为例 3.4 文件夹,在"文件名"文本框中输入"LT3.4(样张)","保存类型"选择"Word 文档(*.docx)",单击"保存"按钮,完成文件保存。

3.4　Word 文档的高级排版

Word 文档的高级排版主要包括文档的修饰,例如分栏、首字下沉、插入脚注和尾注、编辑长文档以及邮件合并等。

3.4.1　分栏

对于报刊和杂志,在排版时经常需要对文章内容进行分栏排版,以使文章易于阅读,页面更加生动美观。单击"布局"|"页面设置"分组中的"栏"按钮,在其下拉列表中选择"更多

栏"命令,打开"栏"对话框。

在对话框中可设置栏数、每栏的宽度(不选择"栏宽相等"复选框的前提下)等,同时选择"栏宽相等"复选框和"分隔线"复选框的设置如图 3-42 所示。

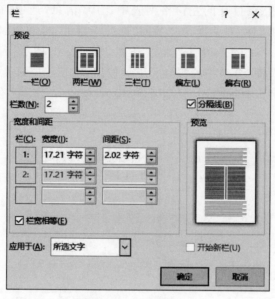

图 3-42 "栏"对话框

若要对文档进行多种分栏,只要分别选择所需分栏的段落,然后进行上述分栏操作即可。

若要取消分栏,只要选择已分栏的段落,进行-分栏的操作即可。

3.4.2 首字下沉

首字下沉是指一个段落的第一个字采用特殊的格式显示,目的是使段落醒目,引起读者的注意。

图 3-43 "首字下沉"
下拉列表

选中待设置首字下沉的段落,或者将插入点定位在待设置段落的任意位置,单击"插入"|"文本"分组中的"首字下沉"按钮,弹出其下拉列表,如图 3-43 所示。

选择"下沉"和"悬挂"命令的设置效果如图 3-44 所示。

若选择"首字下沉选项"命令,则会打开"首字下沉"对话框,如图 3-45 所示。在该对话框中,可对"位置"栏中的 3 个选项进行选择,若选择"下沉"选项,则需对"选项"栏中的"字体""下沉行数""距正文"做进一步设置。

若要取消首字下沉,只需选中首字下沉段落,在"首字下沉"选项中选择"无"命令即可。

3.4.3 插入脚注和尾注

脚注和尾注用于给文档中的文本提供解释、批注以及相关的参考资料。一般可用脚注对文档内容进行注释说明,用尾注说明引用的文献资料。脚注和尾注分别由两个互相关联的部

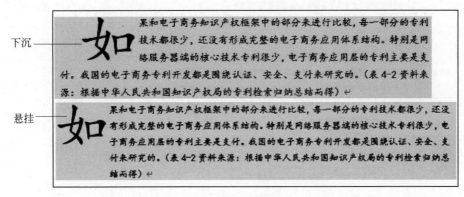

下沉

悬挂

图 3-44　选择"下沉"和"悬挂"的效果

分组成,即注释引用标记和与其对应的注释文本。脚注位于页面底端,尾注位于文档末尾。

插入脚注和尾注的方法如下。

(1) 选中需要加注释的文本。

(2) 在"引用"|"脚注"分组中单击"插入脚注"或"插入尾注"按钮,如图 3-46 所示。

图 3-45　"首字下沉"对话框

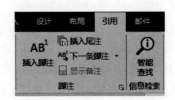

图 3-46　"引用"|"脚注"分组

(3) 此时文本的右上角出现一个"脚注"或"尾注"的序号,同时文档相应页面下方或文档尾部增加了一条横线并出现光标,光标位置为脚注或尾注内容的插入点,输入脚注或尾注内容即可。

【例 3.5】　进入例 3.5 文件夹,打开"插入脚注尾注(文字素材).docx"文档,为"北伐"加脚注(南宋宁宗朝时韩侂胄主持的北伐金朝的战争);为"指挥若定失萧曹"加尾注(杜甫《咏怀古迹》五首之五)。最后将文档以"插入脚注尾注(样张).docx"为文件名保存于例 3.5 文件夹中。插入脚注和尾注的效果如图 3-47 所示。

【例 3.6】　在例 3.4 对文档排版的基础上,对文档继续按如下要求进行高级排版后,以文件名"LT3.6(样张).docx"保存于例 3.6 文件夹中。

(1) 正文第一段("根据我国企业申请的……覆盖的领域包括:")分为等宽的两栏,中间加分隔线。

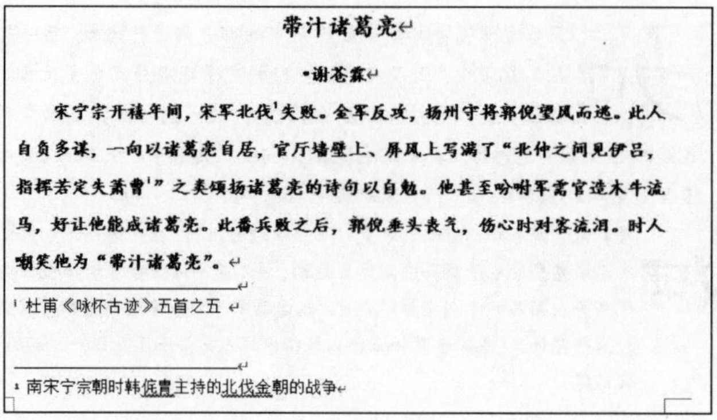

图 3-47 插入脚注和尾注效果

(2) 正文最后一段（"如果和电子商务知识产权……围绕认证、安全、支付来研究的。"）设置为首字下沉两行、隶书、距正文 0.4 厘米。

(3) 为倒数第 9 行（"表 4-2　国内企业申请的专利分类统计"）插入脚注，脚注内容为"资料来源：中华人民共和国知识产权局"，脚注字体为小五号宋体（中文正）。将该行文本效果设置为"填充：紫色，主题色 4；软棱台"。

【操作解析】　进入例 3.4 文件夹，打开"LT3.4（样张）.docx"文件，继续如下操作。

(1) 分栏。

① 选中第一段文字。

② 单击"布局"|"页面设置"分组中的"栏"按钮，在其下拉列表中选择"更多栏"命令。在打开的"栏"对话框中，在"预设"组选择"两栏"图标，同时选中"栏宽相等"和"分隔线"复选框，如图 3-42 所示，单击"确定"按钮。

(2) 首字下沉。

① 将光标定位在最后一段文字的任意处，单击"插入"|"文本"分组中的"首字下沉"按钮，在弹出的下拉列表中选择"首字下沉选项"命令。

② 在打开的"首字下沉"对话框中，在"位置"栏选择"下沉"图标，在"选项"栏设置"字体"为隶书，"下沉行数"为 2，"距正文"为 0.4 厘米，如图 3-45 所示。

③ 单击"确定"按钮。

(3) 插入脚注。

① 选中待插入脚注的文字"表 4-2　国内企业申请的专利分类统计"，单击"引用"|"脚注"分组中的"插入脚注"按钮。

② 在出现横线的光标处输入脚注内容"资料来源：中华人民共和国知识产权局"，并按要求设置字体、字号和文本效果。

(4) 按要求保存文档。

3.4.4　编辑长文档

编辑长文档需要对文档使用高效排版技术。为了提高排版效率，Word 文字处理软件提供了一系列的高效排版功能，包括样式、模板、生成目录等。

1. 使用样式功能

样式是一组已命名的字符和段落格式的组合。例如，一篇文档有各级标题、正文、页眉和页脚等，它们都有各自的字体大小和段落间距等，各以其样式名存储以便使用。

使用样式可以使文档的格式更容易统一，还可以构造大纲，使文档更具条理性。此外，使用样式还可以更加方便地生成目录。

（1）应用样式，其操作步骤如下。

① 选定要应用样式的文本。

② 在"开始"|"样式"分组中选择所需样式，图 3-48 为对标题文本应用"标题 2"样式。

（2）新建样式。

当 Word 提供的样式不能满足工作的需要时，可新建样式。新建样式的操作步骤如下。

① 在"开始"|"样式"分组中单击"样式"按钮打开"样式"任务窗格，如图 3-49 所示。

图 3-48 "样式"分组　　　　　图 3-49 "样式"任务窗格

② 在"样式"任务窗格中单击"新建样式"按钮打开"根据格式化创建新样式"对话框，如图 3-50 所示。

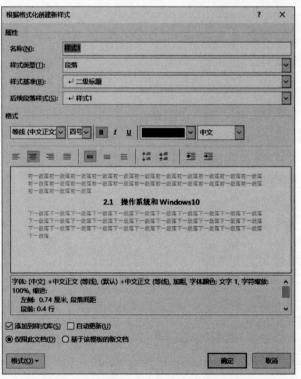

图 3-50 "根据格式化创建新样式"对话框

③ 在"名称"框中输入样式名称，选择样式类型、样式基准、后续段落样式等，单击"确定"按钮。

新样式建立好以后，可以像使用系统提供的样式那样使用新样式。

(3) 修改和删除样式。

在"样式"任务窗格中单击"样式名"右边的下拉箭头，在下拉列表中选择"删除"命令即可将该样式删除，原应用该样式的段落改用"正文"样式。如果要修改样式，则在该"样式名"下拉列表中选择"修改样式"命令，在打开的"修改样式"对话框中进行相应的设置。

2. 生成目录

编写书籍、撰写论文时一般都有目录，以便反映文档的内容和层次结构。

要生成目录，必须对文档的各级标题进行格式化，通常利用样式的"标题"统一格式化，便于长文档、多人协作编辑的文档的统一。目录一般分为 3 级，使用相应的"标题 1"、"标题 2"和"标题 3"样式来格式化，也可以使用其他几级标题样式，甚至还可以用自己创建的标题样式。

由于目录是基于样式创建的，故在自动生成目录前需要将作为目录的章节标题应用样式，一般情况下应用 Word 内置的标题样式即可。

文档目录的制作步骤如下。

(1) 标记目录项：对正文中用作目录的标题应用标题样式，同一层级的标题应用同一种标题样式。

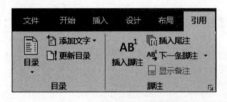

图 3-51　"引用"|"目录"分组

(2) 创建目录。

① 将光标定位于需要插入目录处，一般为正文开始前。

② 在"引用"|"目录"分组中单击"目录"按钮，如图 3-51 所示。

③ 弹出"目录"按钮的下拉列表，选择"自定义目录"选项打开"目录"对话框。

④ 在"常规"栏的"格式"下拉列表中选择需要使用的目录模板，在"显示级别"下拉列表中选择显示的最低级别，并选中"显示页码"和"页码右对齐"复选框，如图 3-52 所示。

⑤ 单击"确定"按钮，创建的目录如图 3-53 所示。

3.4.5　邮件合并

1. 邮件合并的概念

邮件合并主要指在文档的固定内容中合并与发送信息相关的一组通信资料，从而批量生成需要的邮件文档，使用这一功能可以大大提高工作效率。

邮件合并功能除了可以批量处理信函、邀请函等与邮件相关的文档，还可以轻松地批量制作标签、工资条和水电通知单等。

(1) 邮件合并所需的文档。

邮件合并所需的文档，一个是主文档，另一个是数据源。主文档用于创建输出文档的蓝图，是一个经过特殊标记的 Word 文档；数据源是用户希望合并到输出文档的一个数据列表。

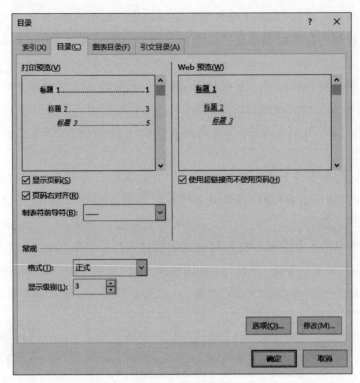

图 3-52 “目录”对话框

第 1 章计算机基本知识......1
1.1 计算机概述......1
1.1.1 计算机的起源与发展......1
1.1.2 计算机和计算机技术的发展趋势......2
1.1.3 计算机的特点、分类与应用......4
1.2 计算机系统组成及工作原理......8
1.2.1 计算机系统的基本组成......8
1.2.2 计算机硬件系统......9
1.2.3 计算机软件系统......15
1.2.4 计算机的工作原理......18
1.2.5 计算机系统的性能指标......19
1.3 计算机中的信息表示......20
1.3.1 数制与转换......20
1.3.2 二进制数及其运算......23
1.3.3 计算机中的常用信息编码......24

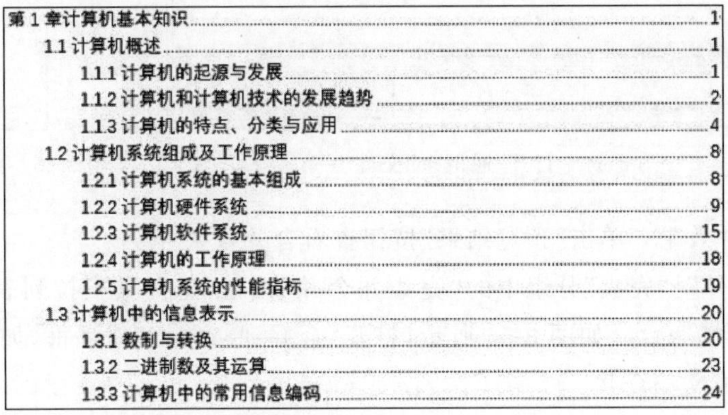

图 3-53 生成目录示例

（2）适用范围。

邮件合并适用于需要制作数量比较大且内容可分为固定不变部分和变化部分的文档，变化的内容来自数据表中含有标题行的数据记录列表。

2. 邮件合并技术的使用

Word 2016 提供了“邮件合并向导”功能，它可以帮助用户逐步了解整个邮件合并的具体使用过程，并能便捷、高效地完成邮件合并任务。

【例 3.7】 使用“邮件合并功能”按如下要求制作邀请函。

某高校学生会计划举办一场“大学生网络创业交流会”的活动，拟邀请部分专家和老师给在校学生进行演讲。因此,校学生会外联部需要制作一批邀请函,并分别递送给相关的专家和老师。要求将制作的邀请函保存到以专业+学号命名的文件夹中,文件名为"Word-邀请函.docx"。

事先准备的素材资料放在第 3 章素材库\例题 3 下的例 3.7 文件夹中。主文档的文件名为"Word-邀请函主文档.docx",数据源文件名为"通讯录.xlsx"。

【操作解析】　进入例 3.7 文件夹,首先打开"Word-邀请函主文档.docx",然后进行如下操作。

(1) 打开建立的数据源文件。单击"邮件"|"开始邮件合并"分组中的"选择收件人"下拉按钮,在其下拉列表中选择"使用现有列表"命令,打开数据源文件,此处需打开"通讯录.xlsx"文件,如图 3-54 所示。

(2) 在主文档中插入合并域。将光标定位到要插入数据源的位置(此处应定位在"尊敬的"和"老师"之间的位置),单击"邮件"|"编写和插入域"分组中的"插入合并域"按钮,在其下拉列表中选择所需字段名(此处选择"姓名"),如图 3-55 所示,插入主文档。

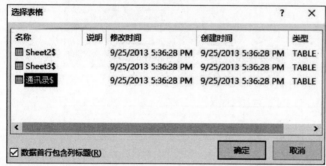

图 3-54　打开"通讯录"文件　　　　　　图 3-55　插入"姓名"字段

(3) 查看合并效果。单击"预览结果"按钮查看合并效果。

(4) 单击"邮件"|"完成"分组中的"完成并合并"按钮,选择其下拉列表中的命令,此处选择"编辑单个文档"命令,如图 3-56 所示,打开"合并到新文档"对话框,如图 3-57 所示,单击"确定"按钮完成文档合并。

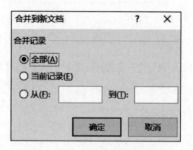

图 3-56　选择"编辑单个文档"命令　　　　图 3-57　单击"确定"按钮

(5) 最后以文件名"Word-邀请函(样张).docx"保存于例 3.7 文件夹中。

【提示】　生成的 5 个人的邀请函可打开"Word-邀请函(样张).docx"文档查看。

3.5 Word 2016 表格处理

在文档中使用表格是一种简明扼要的表达方式,它以行和列的形式组织信息,结构严谨,效果直观。一张表格常常可以代表大篇的文字描述,所以在各种经济、科技等书刊和文章中越来越多地使用表格。在目前的文字处理软件中,对表格的处理包括建立、编辑、格式化、统计和排序等。

3.5.1 建立表格

可在"插入"|"表格"分组中单击"表格"按钮,在其下拉列表中选择不同的选项建立表格,如图 3-58 所示。通过下拉列表的选择可使用 4 种方法建立表格。

1. 拖曳法

直接在下拉列表中按住鼠标左键向下拖曳,图 3-58 为采用拖曳法生成 5 行 6 列的表格。(这种方法只能建立最多 8 行 10 列的表格)

2. 对话框法

在下拉列表中选择"插入表格"命令,打开"插入表格"对话框,输入表格的行、列数,生成规则表格,如图 3-59 所示。

图 3-58 鼠标拖曳法生成表格

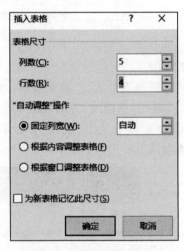

图 3-59 "插入表格"对话框

3. 将文本转换为表格

文本转换成表格的前提是,文本内容之间有制表符等作为分隔符或者内容的排列是有规律的。

【例 3.8】 将正文文本转换为表格。打开例 3.8 文件夹中的素材文档,如图 3-60 所示。

① 选中待转换文本(除标题以外的正文文本),在"插入"|"表格"分组中单击"表格"按钮,在其下拉列表中选择"文本转换成表格"命令,弹出图 3-61 所示的对话框,系统已经自动识别表格尺寸为 5 行 5 列,由制表符分隔;直接单击"确定"按钮即可转换成图 3-62 所示的表格。

② 保存文档。

2005年6月14日人民币汇率表

货币名称	现汇买入价	现钞买入价	卖出价	基准价
美元	826.41	821.44	828.89	827.65
日元	7.5420	7.4853	7.5798	7.6486
欧元	1001.24	992.71	1004.24	1000.80
港币	106.28	105.64	106.60	106.37

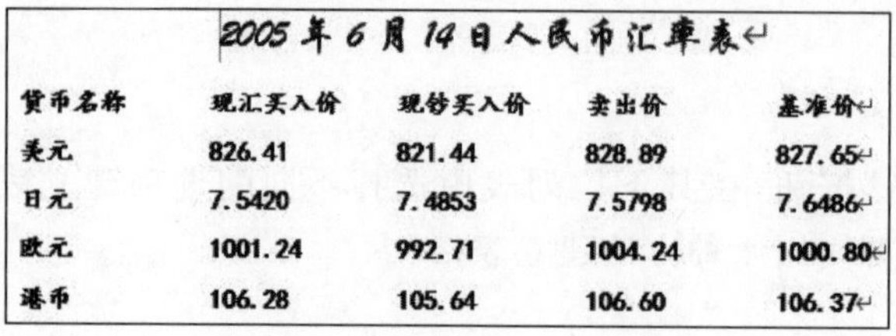

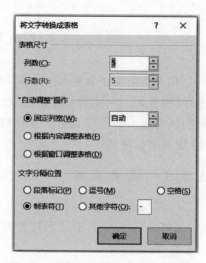

图 3-60 待转换为表格的文本

图 3-61 "将文字转换成表格"对话框

2005年6月14日人民币汇率表

货币名称	现汇买入价	现钞买入价	卖出价	基准价
美元	826.41	821.44	828.89	827.65
日元	7.5420	7.4853	7.5798	7.6486
欧元	1001.24	992.71	1004.24	1000.80
港币	106.28	105.64	106.60	106.37

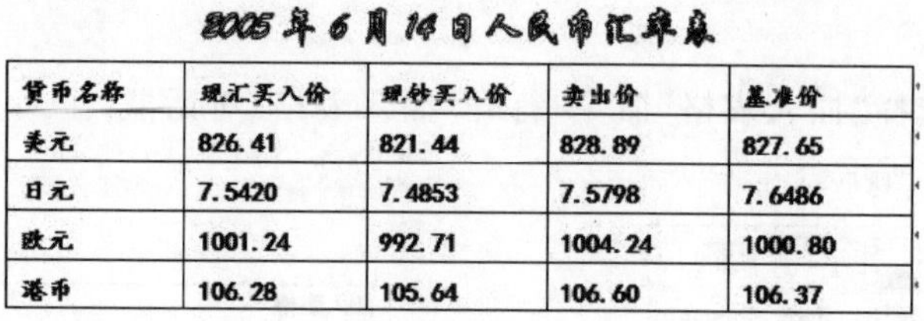

图 3-62 转换后的表格

4. 手动绘制法

在"表格"下拉列表中选择"绘制表格"命令,光标变成铅笔状,同时系统会自动弹出"表格工具-表设计/布局"选项卡,此时用铅笔状光标可在文档中的任意位置绘制表格,并且还可利用动态"表格工具-布局"|"绘图"分组中的"绘制表格"和"橡皮擦"按钮绘制表格边框线或擦除绘制的错误表格线等,如图 3-63 所示。

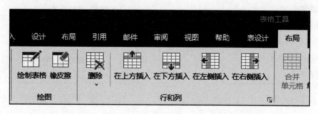

图 3-63 "表格工具-布局"|"绘图"分组

3.5.2 编辑表格

在 Word 中,对表格的编辑操作包括插入行与列(或单元格)、删除行与列(或单元格)、单元格拆分与合并、表格拆分等操作。

1. 选定表格的编辑区

如果要对表格进行编辑操作,首先要选定待编辑对象。选择表格对象常用鼠标左键操作,表 3-2 所示为常用的操作方法。

表 3-2　鼠标操作选择表格对象

选定区域	鼠标操作
一个单元格	光标指向单元格左边界的选定区呈斜向上空心箭头时单击
整行	光标指向表格左边界的该行选定区呈斜向上空心箭头时单击
整列	光标指向某列上边界的选定区呈垂直向下的实线箭头时单击
整个表格	单击表格上方的整个表格的选择区 田
多个连续单元格区域	按住鼠标左键从表格左上角单元格拖曳至右下角单元格
多个不连续单元格区域	选择第一个待选对象,再按住 Ctrl 键,分别选择剩下的待选对象

2. 编辑表格

常用的编辑方法如下。

(1) 快捷菜单命令编辑。在右键的快捷菜单中选择相关编辑命令,如图 3-64 所示。

(2) 利用"绘图"组的"绘制表格"按钮绘制(添加)表格线,利用"橡皮擦"按钮擦除(删除)表格线。

(3) 命令按钮编辑。利用"表格工具"|"布局"|"行和列"分组中的相关按钮插入行或列、删除行或列;利用"合并"分组中的相关按钮合并单元格或拆分单元格及拆分表格等,如图 3-65 所示。

图 3-64　编辑表格快捷菜单

3.5.3　格式化表格

格式化表格包括表格外观的格式化和表格内容的格式化。

图 3-65　"表格工具"|"布局"选项卡

1. 表格外观的格式化

表格外观的格式化包括表格相对于水平方向的对齐方式,文字相对于表格的环绕方式,行高、列宽的设置,表格边框和底纹的设置以及表格样式的选择。

(1) 表格属性对话框。

选中表格,在其快捷菜单中选择"表格属性"命令,打开"表格属性"对话框,如图 3-66 所示,然后进行相应的设置。其中的"表格""行""列"选项卡说明如下。

① "表格"选项卡。用于设置表格相对于页面的对齐方式,如表格居中设置显示,以及设置文字相对于表格的环绕方式。

② "行""列"选项卡。用于精确设置表格的行高、列宽。

对表格行高、列宽的精确设置,还可在"表格工具"|"布局"|"单元格大小"分组中进行,如图 3-67 所示。

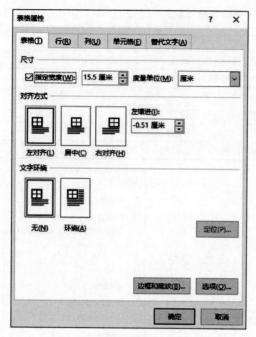

图 3-66 "表格属性"对话框

图 3-67 "单元格大小"分组

(2) 边框和底纹对话框。

对表格边框和底纹的设置,可先选定表格中的某个区域或整个表格,单击"表格工具"|"表设计"|"边框"分组中的"边框和底纹"按钮,在打开的"边框和底纹"对话框中进行所需的格式设置,如图 3-68 所示。

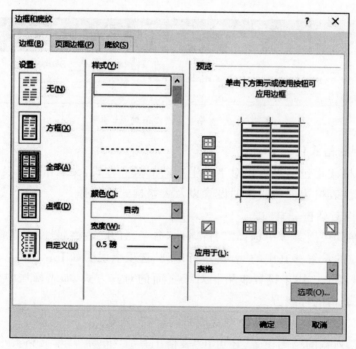

图 3-68 "边框和底纹"对话框

（3）表格样式。

在"表格工具"|"表设计"|"表格样式"分组中单击"表格样式"按钮，在弹出的下拉列表中列出了普通表格、网格表、清单表三种类型共 105 种表格样式，选择其中任何一种，即可将表格设置为指定的样式。

2. 表格内容的格式化

表格内容的格式化主要包括对齐方式（水平和垂直方向上的 9 种对齐方式）、文字方向和单元格边距等。在图 3-65 所示的动态"表格工具"|"布局"|"对齐方式"分组中选择相应按钮进行设置，也可使用快捷菜单进行设置。

【知识拓展】 三线表的制作。

【例 3.9】 将图 3-69 所示的表格转换为三线表。

货币名称	现汇买入价	现钞买入价	卖出价	基准价
美元	826.41	821.44	828.89	827.65
日元	7.5420	7.4853	7.5798	7.6486
欧元	1001.24	992.71	1004.24	1000.80
港币	106.28	105.64	106.60	106.37

图 3-69　普通表格

【操作解析】 进入例 3.9 文件夹，打开"Word 表格（素材）.docx"文档，继续如下操作。

① 选中整个表格，单击动态"表格工具"|"表设计"|"边框"分组中的"边框和底纹"按钮，打开"边框和底纹"对话框。

② 在"边框"选项卡的"设置"栏中选择"方框"，"宽度"设置为 1.5 磅，在"预览"区域可看到 4 个边框按钮处于选中状态，如图 3-70 所示。

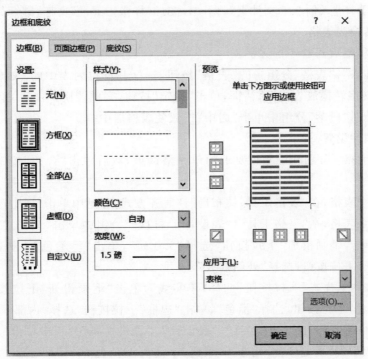

图 3-70　"边框和底纹"对话框

图 3-71 边框下拉列表

【说明】 对于三线表,由于只有表格上下两条线和第一行(表头)的下框线,因此需要将竖线去除。

③ 直接在"预览"图上单击竖线将其去除,在"应用于"下拉列表中选择"表格"选项。

④ 选中第一行文本(表头),单击"边框"下拉按钮,选择"下框线",如图 3-71 所示,转换后的三线表如图 3-72 所示。

⑤ 以文件名"LT3.9(样张).docx"保存于例 3.9 文件夹中。

货币名称	现汇买入价	现钞买入价	卖出价	基准价
美元	826.41	821.44	828.89	827.65
日元	7.5420	7.4853	7.5798	7.6486
欧元	1001.24	992.71	1004.24	1000.80
港币	106.28	105.64	106.60	106.37

图 3-72 转换后的三线表

【例 3.10】 在例 3.6 对文档进行高级排版的基础上,按如下要求操作后,以文件名"LT3.10(样张).docx"保存于例 3.10 文件夹中。

(1) 将最后面的 8 行文字转换为一个 8 行 3 列的表格,并设置表格居中。

(2) 分别将表格第 1 列的第 4、5 行单元格、第 3 列的第 4、5 行单元格、第 1 列的第 2、3 行单元格和第 3 列的第 2、3 行单元格进行合并;设置表格中所有文字居中;设置表格外框线为 3 磅蓝色单实线,内框线为 1 磅黑色单实线;为表格第 1 行添加主题颜色中的"紫色,个性色 4,淡色 60%"底纹。

【操作解析】 进入例 3.6 文件夹,打开"LT3.6(样张).docx"文档,继续如下操作。

(1) 文字转换为表格。

① 选中文档最后面的 8 行文字。

② 单击"插入"|"表格"分组中的"表格"按钮,选择其下拉列表中的"文本转换成表格"命令,打开"将文字转换成表格"对话框,单击"确定"按钮,完成转换并自动关闭对话框。

③ 在"开始"|"段落"分组中单击"居中"按钮使表格居中。

(2) 表格属性设置。

① 合并单元格:分别选中题目要求的单元格区域,然后单击"合并"按钮,完成单元格合并。

② 选中整个表格,在"表格工具"|"布局"|"对齐方式"分组中单击"居中"按钮。

③ 选中整个表格,在"表格工具"|"表设计"|"边框"分组中单击"笔样式"下拉按钮,选择"单实线";单击"笔画粗细"下拉按钮,选择"3.0 磅",单击"笔颜色"下拉按钮,选择"蓝色";单击"边框"下拉按钮,选择"外侧框线"。

④ 再次单击"笔样式"下拉按钮,选择"单实线",单击"笔画粗细"下拉按钮,选择"1.0 磅",单击"笔颜色"下拉按钮,选择"黑色",单击"边框"下拉按钮,选择"内部框线"。

⑤ 选中表格第 1 行,在"表格工具"|"表设计"|"表格样式"分组中单击"底纹"按钮,在弹出的下拉列表中的"主题颜色"栏选择"紫色,个性色 4,淡色 60%"。

(3) 按要求保存文档。

3.5.4 表格中的数据统计和排序

Word 提供了对表格中数据的简单处理功能,主要包括数据统计、数据排序,这可以通过动态"表格工具"|"布局"|"数据"分组中的"公式"和"排序"按钮来完成。

1. 数据统计

Word 提供了在表格中快速进行数值的加、减、乘、除及求平均值等计算功能;还提供了常用的统计函数供用户调用,包括求和(SUM)、求平均值(AVERAGE)等。同 Excel 一样,表格中的每一行号依次用数字 1、2、3 等表示,每一列号依次用字母 A、B、C 等表示,每一单元格号为行列交叉号,即交叉的列号加上行号,例如 H5 表示第 H 列第 5 行的单元格。如果要表示表格中的单元格区域,可采用"左上角单元格号:右下角单元格号"表示,"A1:B2"表示由 A1、A2、B1、B2 这 4 个单元格组成的单元格区域,但"A1,B2"仅表示 A1 和 B2 两个单元格,因为其中间是用逗号分隔的。

【例 3.11】 如图 3-73 所示,要求计算表中 4 个学生每个人的计算机、英语、数学、物理、电路 5 个科目的总成绩,结果分别置于 G2、G3、G4、G5 单元格。

【操作解析】 进入例 3.11 文件夹,打开"Word 表格中数据计算(素材).docx"文档,进行如下操作,然后以文件名"Word 表格中数据计算(样张).docx"保存。

(1) 选中 G2 单元格,单击"公式"按钮弹出"公式"对话框,如图 3-73 所示。

(2) 在"公式"对话框中从"粘贴函数"下拉列表中选择 SUM 函数,将其置入"公式"文本框中,并输入函数参数"b2:f2"。

(3) 单击"确定"按钮关闭"公式"对话框。用同样的方法可计算出其他 3 个学生的 5 科总成绩。

如图 3-74 所示,如要计算"计算机"单科成绩的平均成绩,首先选中"B6"单元格,在"公式"对话框中选择粘贴的函数为 AVERAGE,输入函数参数为"b2:b5",单击"确定"按钮。然后用同样的方法计算出其他单科成绩的平均成绩。

(4) 按要求保存结果。

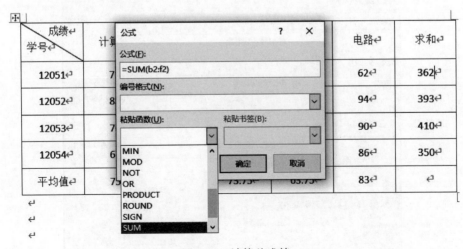

图 3-73 计算总成绩

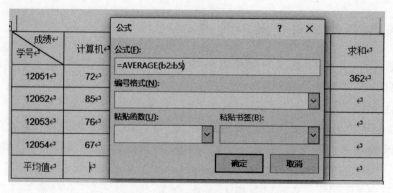

图 3-74 计算单科平均成绩

2. 表格中的数据排序

【例 3.12】 在图 3-75 所示的表格中,要求按"物理"成绩"降序"排序,如果"物理"成绩相同,则按"电路"成绩"升序"排序。

学号	计算机	英语	数学	物理	电路	求和
12051	72	82	91	55	62	362
12052	85	90	54	70	94	393
12053	76	87	92	65	90	410
12054	67	74	58	65	86	350

图 3-75 待排序的数据表格

【操作解析】 进入例 3.12 文件夹,打开"Word 表格中数据排序(素材).docx"文档,继续如下操作。

(1)选中表格中的任意单元格,在"表格工具"|"布局"|"数据"分组中单击"排序"按钮,打开"排序"对话框,如图 3-76 所示。

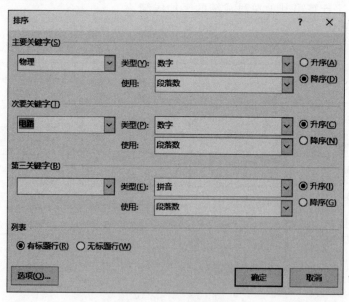

图 3-76 "排序"对话框

（2）"主要关键字"选择"物理"，并选中"降序"单选按钮；"次要关键字"选择"电路"，并选中"升序"单选按钮。"类型"均选择"数字"。

（3）单击"确定"按钮关闭对话框，排序效果如图 3-77 所示。

学号	计算机	英语	数学	物理	电路	求和
12052	85	90	54	70	94	393
12054	67	74	58	65	86	350
12053	76	87	92	65	90	410
12051	72	82	91	55	62	362

图 3-77　排序结果

（4）将排序后的文档以文件名"Word 表格中数据排序（样张）.docx"保存于例 3.12 文件夹。

3.6　Word 2016 图形处理

Word 2016 具有强大的图形处理功能，它不仅提供了大量图形及多种形式的艺术字，而且支持多种绘图软件创建的图形，从而帮助用户轻而易举地实现图形和文字的混排。

3.6.1　绘制图形和插入图片

1. 绘制图形

在"插入"|"插图"分组中单击"形状"按钮，弹出的下拉列表中会显示 Word 2016 提供的各种图形，如图 3-78 所示。

将图形插入文档后，可在图形上添加文字。添加文字的方法是先选定图形，然后在其快捷菜单中选择"添加文字"命令，如图 3-79 所示，图形上出现光标插入点，即可输入文字，文字的字体、大小均可编辑。

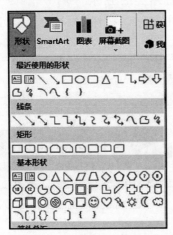

图 3-78　"形状"下拉列表

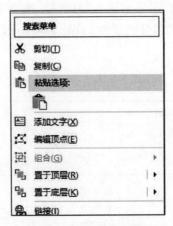

图 3-79　图形的快捷菜单

【例 3.13】　在文档中插入一个"笑脸"图形，将其变为"哭脸"，并分别添加文字"喜笑颜开"和"愁眉苦脸"。

【操作解析】　先在"形状"按钮下拉列表中的"基本形状"栏单击"笑脸"图形,光标变成"十"形状,转至文档中拖曳鼠标绘制适当大小的图形并选中图形,在其快捷菜单中选择"添加文字"命令,添加文字,然后按住 Ctrl 键,选中"笑脸"图形,将其拖曳至右边适当位置,并单击图形中的黄色控制柄向上拖曳,即可把笑脸变成哭脸,然后输入文字并进行字体字号、文本效果的设置,如图 3-80 所示。

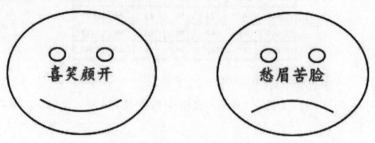

图 3-80　插入形状和添加文字

2. 插入图片

图片是指由图形、图像等构成的保存在计算机内的平面媒体元素。图片的格式主要包括两大类:点阵图和矢量图。常使用的".bmp"和".jpg"格式的图形都是点阵图形。

插入图片可单击"插图"组的"图片"按钮,在其下拉列表中选择"此设备"命令,打开"插入图片"对话框,然后查找图片文件的存放位置,找到后选中文件,单击"插入"按钮,关闭对话框即可插入图片。

3. 插入联机图片

计算机必须处于联网状态才能插入联机图片,方法如下。

(1) 定位插入点到需要插入联机图片的位置,在"插入"|"插图"分组中单击"图片"按钮,在弹出的下拉列表中选择"联机图片"命令。

(2) 打开"插入图片"对话框,在"搜索必应"文本框中输入想要插入的图片名字,如输入文字"蝴蝶"并单击文本框右侧的"必应搜索"按钮,如图 3-81 所示。

(3) 打开"联机图片"对话框,选择某张图片单击"插入"按钮,关闭对话框,即可在文档指定位置插入联机图片,如图 3-82 所示。

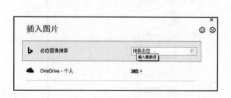

图 3-81　"插入图片"对话框

图 3-82　"联机图片"对话框

3.6.2　图片编辑、格式化和图文混排

对 Word 文档中插入的图片,通常需要进行编辑和格式化,包括以下几种操作。

(1) 缩放、裁剪、复制、移动、旋转等编辑操作。

（2）组合与取消组合、叠放次序、文字环绕方式等图文混排操作。

（3）图片样式、填充、边框线、颜色、对比度、水印等格式化操作。

以上这些操作都可以通过"图片工具"|"图片格式"选项卡下的 4 个功能组，即"调整""图片样式""排列""大小"中的相应按钮进行设置，如图 3-83 所示。

图 3-83 "图片工具"|"图片格式"选项卡

1. 编辑图片

（1）缩放图片。

缩放图片的操作可直接拖曳鼠标完成。选中图片后，图片四周会显示 8 个方向的控制点，如图 3-84 所示，当光标移到某控制点上后会变成双向箭头，拖曳鼠标可对图片在该方向上进行缩放。如果将光标移动到图片的边框角，光标会呈双向斜线箭头，这时拖曳可将图片按比例缩放。

还可以选中图片，在"图片工具"|"图片格式"|"大小"分组中对图片"高度"和"宽度"进行精确设置。

（2）裁剪图片。

选中图片，在"图片工具"|"图片格式"|"大小"分组中单击"裁剪"按钮，此时，所选图片的 8 个方向控制点增加了对应的裁剪点，如图 3-85 所示，鼠标拖曳某裁剪点即可完成相应的裁剪。

图 3-84 图片选中状态　　　　图 3-85 裁剪图片示例

2. 格式化图片

图片的格式化包括应用"调整"功能组进行图片色调的改变、应用"图片样式"功能组改变图片的外观等，可以通过相应的功能按钮来实现。

【例 3.14】 以不同样式展示文档中已插入的图片效果，如图 3-86 所示。

【例 3.15】 以不同"颜色"、不同"艺术效果"展示文档中已插入的图片效果，如图 3-87 所示。

(a) 棱台左透视　　　(b) 柔化边缘椭圆　　　(c) 金属椭圆　　　(d) 映像右透视

图 3-86　图片样式示例

  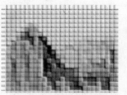 

(a) 颜色饱和度400%　　(b) 颜色饱和度100%　　(c) 艺术效果浅色屏幕　　(d) 艺术效果水彩海绵

图 3-87　图片颜色和图片艺术效果示例

3. 图文混排

在 Word 中插入的图片默认是嵌入式，嵌入式图片不能移动，也无法直接实现和文字混排，为了使图片能随意移动或混排，需要将嵌入型图改为浮动型图。

将嵌入型图改为浮动型图有多种方法，最简单的方法就是选中图片，在"图片工具"|"图片格式"|"排列"分组中直接单击"环绕文字"按钮，在其下拉列表中选择相应的命令即可，如图 3-88 所示。

浮动型图片和文字混排效果如图 3-89 所示。

图 3-88　"环绕文字"下拉列表　　　图 3-89　图形和文字的 4 种混排效果

嵌入式图片虽然不能直接与文字混排，但却可以和文字一起置入文本框（容器）中实现图文混排。

3.6.3 使用文本框

文本框是实现图文混排时非常有用的工具，它如同一个容器，在其中可以插入文字、表格、图形等不同的对象，可置于页面的任何位置，并可随意调整大小，放到文本框中的对象会随着文本框一起移动。在 Word 中，文本框用来建立特殊的文本，并且可以对其进行一些特殊处理，如设置边框、颜色和版式等。

Word 2016 提供了几种内置文本框，如简单文本框、奥斯丁提要栏和运动型引述等。通过插入这些内置文本框，可以快速地制作出形式多样的优秀文档。

除了可以插入内置的文本框，还可以根据需要手动绘制横排或竖排文本框，该文本框主要用于插入图片、表格和文本等对象。

【例 3.16】 将嵌入式图片与文字一起置入文本框实现图文混排，其效果如图 3-90 所示。文字和图片素材均已置入例 3.16 文件夹中。

【操作解析】 操作步骤如下。

① 启动 Word 2016，建立新文档，单击"插入"|"文本"分组中的"文本框"按钮，在其下拉列表中选择"绘制竖排文本框"命令，将变成"＋"形状的光标在文档中拖曳绘制适当大小的文本框，如图 3-91 所示。

 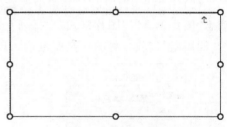

图 3-90　例 3.16 的设计样例　　　　　　图 3-91　绘制竖排文本框

② 光标定位于文本框中，单击"对象"按钮，在其下拉列表中选择"文件中的文字"命令，打开"插入文件"对话框，按照文字素材存放位置，在左窗格（导航窗格）找到例 3.16 文件夹，选中"文字素材.docx"文件，单击"插入"按钮并设置文字格式。

③ 光标仍定位于文本框左边位置，单击"插入"|"插图"分组中的"图片"按钮，在其下拉列表中选择"此设备"命令，打开"插入图片"对话框，按照图片素材存放位置，在左窗格找到例 3.16 文件夹，选中"图片素材.docx"文件，单击"插入"按钮并调整图片大小。

④ 以文件名"图片文本在文本框中的混排.docx"保存于例 3.16 文件夹中，然后关闭文档。

【例 3.17】 某中学需要制作一份科普知识简报，其中一篇是关于"蝴蝶效应"的文章，输入对应文字并在文档中插入一张蝴蝶图片，并对文字进行排版，对图片进行编辑和格式化，最终的效果如图 3-92 所示。文字素材和图片素材均保存于例 3.17 文件夹中。

图 3-92　例 3.17 的设计样例

【操作解析】

（1）进入例 3.17 文件夹，打开"蝴蝶效应.docx"文件。字号设置为小四，段前、段后间距均为 1 行，行距为固定值 20 磅。第 3 自然段分为等宽的两栏。

（2）在"插入"|"插图"分组中选择任意一种方法插入"蝴蝶"图片。选中图片，在弹出的动态"图片工具"|"图片格式"|"排列"分组中单击"环绕文字"按钮，在弹出的下拉列表中选择"四周型"选项。将图片拖曳至第 2 自然段中间的合适位置。

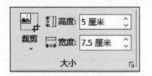

图 3-93　设置图片高度和宽度

（3）选中图片，在"图片工具"|"图片格式"|"大小"分组中，将其"高度"值调整为 5 厘米，"宽度"值调整为 7.5 厘米，如图 3-93 所示。

（4）确认图片仍被选中，在"图片工具"|"图片格式"|"图片样式"分组中单击"快速样式"按钮，在弹出的下拉列表中选择"映像圆角矩形"选项，如图 3-94 所示。

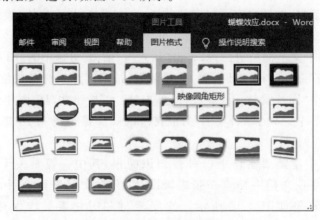

图 3-94　设置图片样式

（5）在右侧打开的"设置图片格式"面板中选择"发光"选项，并单击"预设"按钮，在弹出的下拉列表中选择"发光变体"中的"发光：11磅；橙色，主题色2"选项，如图3-95所示。

（6）选择"柔化边缘"选项，并单击"预设"按钮，在弹出的下拉列表中选择"柔化边缘变体"中的"2.5磅"选项，如图3-96所示。

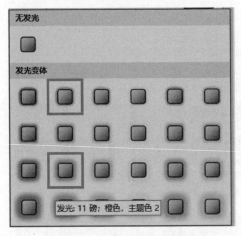
图3-95　图片的"发光"设置

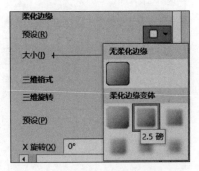
图3-96　图片的"柔化边缘"设置

（7）最后，以"蝴蝶效应_排版结果.docx"为文件名保存到例3.17文件夹中。

3.6.4　插入艺术字和插入SmartArt图形

1. 插入艺术字

我们在报纸杂志上经常会看到形式多样的艺术字，这些艺术字可以给文章增添强烈的视觉冲击效果。使用Word 2016可以创建出形式多样的艺术字效果，甚至可以把文本扭曲成各种各样的形状或设置为具有三维轮廓的效果。

2. 插入SmartArt图形

SmartArt图形是用一些特定的图形效果样式来显示文本信息的。SmartArt图形具有多种样式，如列表、流程、循环、层次结构、关系、矩阵和棱锥图等。不同的样式可以表达不同的意思，用户可以根据需要选择适合自己的SmartArt图形。

【例3.18】　南坪中学需要举办一场运动会，欲将运动会组织结构图上传到学校网站，以便学校各个班级对运动会后勤服务组织有一个清晰的了解。该运动会组织结构图样例如图3-97所示，要求按样例设计制作，并以"南坪中学运动会组织结构图.docx"为文件名保存到例3.18文件夹中。

【分析】　由设计样例可以看到，标题文字为金色的艺术字，其结构图为SmartArt图形中的层次结构图。

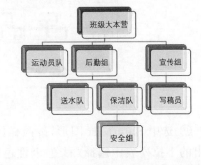
图3-97　南坪中学运动会组织结构图样例

【操作解析】

(1) 启动 Word 2016,创建新文档,按照样例,输入文本"南坪中学运动会组织结构图",按 Enter 键另起一段。

(2) 插入 SmartArt 图形。在"插入"选项卡的"插图"组中单击"SmartArt"按钮,在弹出的下拉列表中选择"层次结构"选项,在右侧的列表中选择第 2 行第 1 列的"层次结构"样式,如图 3-98 所示。

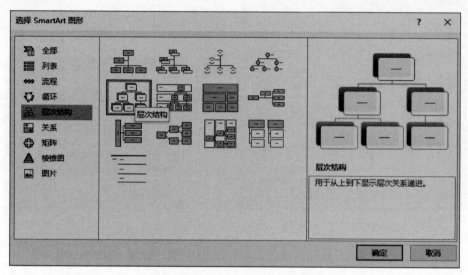

图 3-98　选择 SmartArt 图形

(3) 添加/删除形状。通常,插入的 SmartArt 图形形状都不能完全符合要求,当形状不够时需要添加,当形状多余时需要删除。按照样例,添加形状并在其中输入对应的文本,字号大小设置为 14 磅。

(4) 设置 SmartArt 图形样式。插入的 SmartArt 图形自带一定的格式,可以通过系统提供的图形样式快速修改当前 SmartArt 图形的样式。方法如下。

① 选中 SmartArt 图形,按照样例,在"SmartArt 工具"|"设计"|"SmartArt 样式"分组中的样式列表框中选择所需的样式,在此选择"卡通"样式,如图 3-99 所示。

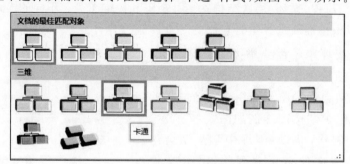

图 3-99　选择"卡通"样式

② 选中 SmartArt 图形,按照样例,单击"SmartArt 样式"分组中的"更改颜色"按钮,在弹出的下拉列表中选择"彩色-个性色"选项,如图 3-100 所示。

(5) 插入并设置艺术字。选中标题文字,单击"插入"|"文本"分组中的"艺术字"按钮,

在其下拉列表中选中"填充：金色，主题色 4；软棱台"艺术字样式，如图 3-101 所示。

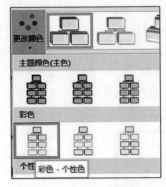

图 3-100　选择彩色-个性色

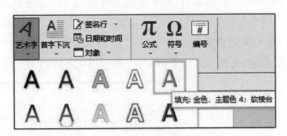

图 3-101　选择艺术字样式

在"开始"|"字体"分组中设置艺术字字体为华文行楷，字号为一号。

（6）保存。以"南坪中学运动会组织结构图.docx"为文件名保存到例 3.18 文件夹中。

例 3.18 是先选中文本，再插入艺术字，当然也可以先单击"插入"|"文本"分组中的"艺术字"按钮，在艺术字库中选择不同的填充效果，然后输入艺术字文本。

插入艺术字后，可在"绘图工具"|"形状格式"选项卡下的各功能组进行更多艺术字的美化设置，如图 3-102 所示。

图 3-102　"绘图工具"|"形状格式"选项卡

① 艺术字样式：该功能组可设置艺术字文本填充、文本轮廓和文本效果。图 3-103 显示了"文本效果"列表中的各类效果，包括阴影、映像、发光、棱台、三维旋转和转换。

② 形状样式：该功能组主要用于设置艺术字的背景效果。

3.6.5　设置水印

在 Word 中，水印是显示在文档文本后面的半透明图片或文字，它是一种特殊的背景，可增加文档的趣味性。水印一般用于标识文档，在页面视图模式或打印出的文档中才可以看到水印。

【例 3.19】　打开例 3.19 文件夹下的"LT3.19（素材）.docx"文件，设置文字水印，文字内容为"Windows 10 的新特性"，字体为华文行楷，字号为 72 磅，字体颜色为标准色中的红色。

图 3-103　"文本效果"下拉列表

【操作解析】

（1）单击"设计"|"页面背景"分组中的"水印"按钮，在其下拉列表中选择"自定义水印"选项，打开"水印"对话框。

(2) 在打开的"水印"对话框中，如果制作图片水印，则选中"图片水印"单选按钮，并勾选"冲蚀"复选框，单击"选择图片"按钮，打开"插入图片"对话框，选择一张图片插入，然后单击"确定"按钮，即插入了图片水印。

(3) 本例要求制作文字水印，所以选中"文字水印"单选按钮，在"文字"下拉列表中按要求输入文字，设置字体、字号、字体颜色，并勾选"半透明"复选框，选中"斜式"或"水平"单选按钮，然后单击"确定"或"应用"按钮，再单击"关闭"按钮关闭对话框，如图3-104所示。设置效果可进入例3.19文件夹打开"LT3.19（样张）.docx"文件查看。

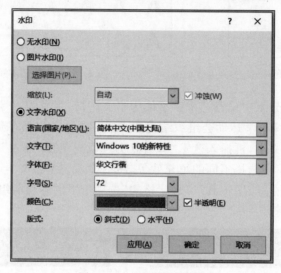

图 3-104 "水印"对话框

习 题 3

【习题 3.1】（实验 3.1） Word 文档的基本排版

新建 Word 文档，在文档中输入如下两段文字。

<后两段开始>由北方向下鸟瞰太阳系，所有的猩猩和绝大部分的天体，都以逆时针（左旋）方向绕着太阳公转。也有些例外的，如哈雷彗星。

环绕着太阳运动的天体都遵守开普勒猩猩运动定律，轨道都是以太阳为焦点的一个椭圆，并且越靠近太阳时速度越快。猩猩的轨道接近圆形，但许多彗星、小猩猩和柯伊伯带天体的轨道是高度椭圆的，甚至会呈抛物线型。<正文结束>

然后将第3章素材库\习题3\习题3.1文件夹下的"XT3.1（素材）.docx"文件中的文字插入新建文档的开始处，与刚才输入的文字组成一个完整文档。

按照下列要求完成操作，并以"XT3.1（样张）.docx"的文件名保存于习题3.1文件夹中。文档设计样例可进入新形态资源库中打开"习题3.1"文件夹下的"XT3.1（样张）.docx"文件查看。

(1) 将文中所有全角英文字母（不包括数字和标点符号）转换为半角英文字母；将文中所有错词"猩猩"替换为"行星"；将文中的"<标题>""<正文开始>""<后两段开始>""<正文结束>"，在不删除的情况下使其隐藏起来不被显示；将标题段文字（"太阳系"）设置为一号、华文行楷、加粗、居中,文字间距加宽 10 磅;设置标题段文字的文本效果格式为文本无填充、深红色(标准色)文本边框、宽度 1 磅(文本边框即文本轮廓);设置标题段文字的映像效果为映像变体/半映像,8 磅偏移量。

(2) 设置纸张方向为纵向,纸张大小为 21.59×27.94,页面上、下、左、右页边距均为 3.2 厘米,装订线位于左侧 1 厘米处;为文档添加"空白"样式页眉,并将页眉设置为"奇偶页不同",奇数页的页眉内容为"作者:A1;单位:N 公司",字号为小四,偶数页的页眉内容为当前页码和文档总页数(格式为"第 X 页/共 Y 页",并设置文档起始页码为"3");为页面添加"绿色,个性色 6,淡色 80%"的颜色。

(3) 设置正文各段落("太阳系……抛物线型。")的中文字体为华文楷体、西文字体为 Arial,设置正文各段落首行缩进 2 字符,段后间距 0.5 行,1.5 倍行距,并允许其跨页显示;将正文第一段("太阳系……星际尘埃。")的缩进格式修改为"无",并设置该段首字下沉 2 行,距正文 0.4 厘米,字体为隶书;将正文第二段("广义上……奥尔特云。")分为 18 字符宽度的等宽两栏,栏间添加分隔线。为正文第四段至第六段("太阳系内……倾斜角度。")添加"八角星"图形的项目符号。(图片素材已置入习题 3.1 文件夹中)

【习题 3.2】(实验 3.2) 设计制作大学课程表

建立图 3-105 所示的课程表,并以"某专业课程表.docx"为名保存于学号文件夹中。

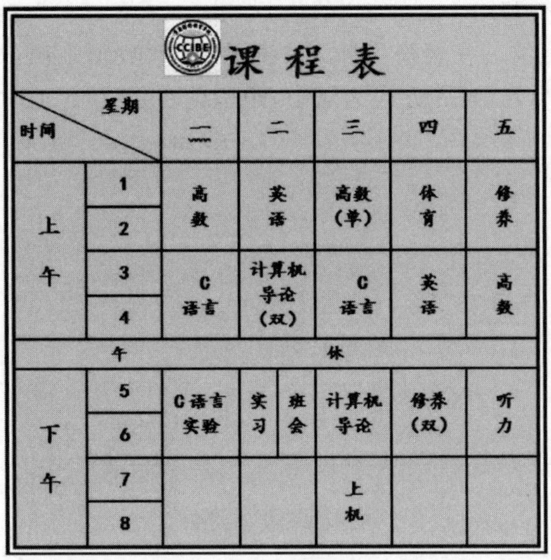

时间\星期		一	二	三	四	五
上午	1	高数	英语	高数(单)	体育	修养
	2					
	3	C语言	计算机导论(双)	C语言	英语	高数
	4					
午休						
下午	5	C语言实验	实习	班会	计算机导论	修养(双)	听力
	6					
	7			上机		
	8					

图 3-105 课程表样例

【习题 3.3】(实验 3.3) Word 文档的排版和表格处理

在习题 3.3 文件夹下,打开"XT3.3(素材).docx"文档,按照要求完成下列操作并以文件名"XT3.3(样张).docx"保存于习题 3.3 文件夹中。

(1) 将标题段文字("样本的选取和统计性描述")设置为二号、楷体、加粗、居中,颜色为"深蓝,文字 2,深色 25%";文本效果预设为"映像:大小 80%,透明度 50%,模糊 9 磅,距离 8 磅",设置标题段文字字间距为紧缩 1.6 磅。

(2) 设置正文一至四段("本文以 2012 年修订的……描述了输入数据的统计性描述:")字体小四、新宋体、段落首行缩进 2 字符、1.4 倍行距,将正文第三段("在全部的 154 家软件和……wind数据库以及国泰安数据库。")的缩进格式修改为"无",并设置该段为首字下沉2行、距正文0.5厘米;在第一段("本文以2012年修订的……上市的88家(见下图)。")下面插入位于习题3.3文件夹下的图片"分布图.JPG",图片的文字环绕类型为"上下型",位置"随文字移动",不锁定纵横比,相对原始图片大小为高度缩放80%、宽度缩放90%,并将该图片的颜色饱和度设置为150%,图片的色温设置为5000K。

(3) 设置页面上、下、左、右页边距分别为2.3厘米、2.3厘米、3.2厘米和2.8厘米,装订线位于左侧0.5厘米处;插入分页符使第四段("本文选取145家……描述了输入数据的统计性描述:")及其后面的文本置于第二页;在页面底端插入"X/Y型,加粗显示的数字1"页码。在文件菜单下进行属性信息编辑:在文档属性摘要选项卡的标题栏键入"学位论文",主题为"软件和信息服务业研究",作者为"佚名",单位为"NCRE",添加两个关键词"软件;信息服务业"。插入"怀旧型"封面,输入地址为"北京市海淀区无名路5号",设置页面填充效果图案为"5%",背景颜色为"水绿色,个性色5,淡色80%"。

(4) 将文中最后5行文字依制表符转换为5行7列的表格,表格文字设为小五、方正姚体;设置表格第2~7列的列宽为1.5厘米;设置表格居中,除第1列外,表格中的所有单元格内容对齐方式为"水平居中";设置表标题("表3.2　输入数据的统计性描述")为小四、黑体,字体颜色自定义:颜色模式为HSL,其中色调为5、饱和度为221、亮度为136。

(5) 为表格的第1行和第1列添加"茶色,背景2,深色25%"底纹,其余单元格添加"白色,背景1,深色15%"底纹。在表格后插入一行文字:"数据来源:国泰安数据库,EViews 6.0软件计算",字体为小五,对齐方式为居中,距段前1行。

第 4 章　Excel 2016 电子表格处理软件

Excel 2016 是 Office 2016 系列办公软件中的重要成员，是一款集数据表格、数据库、图表等于一身的优秀电子表格软件。其功能强大，技术先进，使用方便，不仅具有 Word 表格的数据编排功能，而且提供了丰富的函数和强大的数据分析工具，可以简单、快捷地对各种数据进行处理、统计和分析，还可以通过各种统计图表的形式把数据形象地展示出来。由于 Excel 2016 可以使用户轻松地组织、计算和分析各种类型的数据，因此被广泛应用于财务、行政、金融、统计和审计等众多领域。

学习目标

- 理解 Excel 2016 电子表格的基本概念。
- 掌握 Excel 2016 的基本操作以及编辑、格式化工作表的方法。
- 掌握公式、函数和图表的使用方法。
- 掌握常用的数据管理与分析方法。
- 熟悉 Excel 2016 的数据综合管理与决策分析方法。

4.1　Excel 2016 概述

本节主要介绍 Excel 2016 的基本功能和窗口界面。

4.1.1　Excel 2016 的基本功能

Excel 2016 到底能够解决我们日常工作中的哪些问题呢？下面简要介绍其在 4 方面的实际应用。

1. 表格制作

制作或者填写一张表格是我们经常遇到的工作内容，手工制作表格不仅效率低，而且格式单调，难以制作出一张好的表格。但是，利用 Excel 2016 提供的丰富功能，可以轻松、方便地制作出具有较高水准的电子表格，以满足各种工作需要。

2. 数据运算

在 Excel 2016 中，不仅可以使用自己定义的公式，而且可以使用系统提供的 13 大类几百个预定义函数，以完成各种复杂的数据运算。

3. 数据处理

在日常生活中有许多数据都需要处理，Excel 2016 具有强大的数据库管理功能，利用它所提供的有关数据库操作的命令和函数，可以十分方便地完成排序、筛选、分类汇总、查询及数据透视表等操作，Excel 2016 的应用也因此而更加广泛。

4. 建立图表

Excel 2016 提供了 15 大类图表，每一大类又有若干子类。只需使用系统提供的图表向导功能和选择表格中的数据，就可方便、快捷地建立一张既实用又具有多种风格的图表。使用图表可以直观地表达工作表中的数据，增加了数据的可读性。

4.1.2 Excel 2016 的窗口界面

为了认识电子表格，理解与电子表格相关的新概念，下面举一个简单的例子。

【例 4.1】 录入 F 班学生的基本信息和数学课程考试成绩，并对成绩进行等级评定和分析，如图 4-1 所示。

图 4-1　Excel 2016 窗口界面

在这张表中需要进行的基本操作包括输入学生的学号（文本型数据）、姓名、数学成绩（数值型数据），然后进行成绩等级评定，统计成绩等级为"中等"的人数。还要对表格进行格式化处理，例如加边框线、设置字体等。

从图 4-1 可以看到，Excel 2016 的窗口界面与 Word 2016 相似，有快速访问工具栏、选项卡、功能区等。但作为数据处理软件的 Excel 和文字处理软件的 Word 毕竟有很多不同，下面介绍 Excel 的基本概念。

工作簿、工作表和单元格是构成 Excel 电子表格的 3 个基本要素。

1. 工作簿

工作簿是计算和存储数据的 Excel 文件，是 Excel 2016 文档中一个或多个工作表的集合,其扩展名为.xlsx。每一个工作簿可由一张或多张工作表组成,新建一个 Excel 文件时默认包含一张工作表,工作表名为"Sheet1",可根据需要插入或删除工作表。一个工作簿中最多可包含 255 张工作表,Sheet1 默认为当前活动工作表。如果把一个 Excel 工作簿看成一本账本,那么一页就相当于账本中的一张工作表。

2. 工作表

工作表由行标、列标和网格线组成,即由单元格构成,也称为电子表格。一张 Excel 工作表最多有 1 048 576 行和 16 384 列,即最多可以有 1 048 576×16 384 个单元格。行标用数字 1～1 048 576 表示,列标用字母 A～Z,AA～AZ,BA～BZ,…,XFD 表示。

3. 活动工作表

Excel 的工作簿中可以有多张工作表,但一般来说,只有一张工作表位于最前面,这张处于正在操作状态的电子表格称为活动工作表。例如,单击工作表标签中的 Sheet2 标签,就可以将其设置为活动工作表。

4. 单元格

单元格是组成工作表的基本元素,工作表中行列的交叉位置就是一个单元格。单元格内输入和保存的数据,既可以包含文字、数字或公式,也可以包含图片和声音等。除此之外,对于每一个单元格中的内容,还可以为其设置格式,如字体、字号、对齐方式等。所以,一个单元格由数据内容、格式等部分组成。

在 Excel 中,所有对工作表的操作都是建立在对单元格操作的基础上,因此对单元格的选中与数据输入及编辑是最基本的操作。

5. 活动单元格

活动单元格是指当前正在操作的单元格,以黑框高亮度显示,例如图 4-1 中的 D12 单元格为活动单元格。

6. 单元格的地址

单元格的地址由列标+行标组成,如第 C 列第 5 行的单元格,其地址是 C5。单元格的地址可以作为变量名用在表达式中,如"A2+B3"表示将 A2 和 B3 这两个单元格的数值相加。单击某个单元格,该单元格就成为当前单元格,即活动单元格,在该单元格右下角有一个小方块,这个小方块称为填充柄或复制柄,用来进行单元格内容的填充或公式的复制。

7. 单元格区域

在利用公式或函数进行运算时,若参与运算的是由若干相邻单元格组成的连续区域,可以使用区域的表示方法进行简化。只写出区域开始和结尾的两个单元格的地址,两个地址之间用冒号":"隔开,即可表示包括这两个单元格在内的它们之间所有的单元格,如 A1～A8 这 8 个单元格的连续区域可表示为"A1:A8"。

区域表示法有以下 3 种情况。

(1) 同一行的连续单元格。如 A1:F1 表示第一行中的第 A 列到第 F 列的 6 个单元格,所有单元格都在同一行。

(2) 同一列的连续单元格。如 A1:A10 表示第 A 列中的第 1 行到第 10 行的 10 个单元格,所有单元格都在同一列。

(3) 矩形区域中的连续单元格。如 A1:C4 表示以 A1 和 C4 作为对角线两端的矩形区域,共3列4行12个单元格。如果要对这12个单元格的数值求平均值,就可以使用求平均值函数"AVERAGE(A1:C4)"来实现。

8. 编辑栏

编辑栏、名称框和处于它们之间的工具框构成Excel的数据编辑区。编辑栏可以对单元格内容进行输入、查看和修改操作。对单元格输入数据或进行编辑时,工具框会出现3个按钮：×表示编辑取消、√表示编辑确定、fx表示插入函数。

4.2　Excel 2016的基本操作

Excel的启动、退出,工作簿的创建、打开与保存等常规操作与Word基本相似,在此不再重复。下面主要介绍工作表的基本操作,以及输入数据、编辑工作表、格式化工作表的方法。

4.2.1　工作表的基本操作

新建立的工作簿中只包含一张工作表,可以根据需要添加工作表。对工作表的操作是指对工作表进行选择、插入、删除、移动、复制和重命名等,所有这些操作都可以在Excel窗口的工作表标签上进行。

1. 选择工作表

选择工作表可以分为选择单张工作表、选择多张连续工作表和选择多张不连续工作表,选择方法如表4-1所示。

表4-1　选择工作表

选择对象	操作
选择单张工作表	单击工作表标签
选择多张连续工作表	单击第一张工作表标签,按住Shift键,单击最后一张工作表标签
选择多张不连续工作表	按住Ctrl键后,分别单击要选择的每一张工作表的标签

2. 插入工作表

如果要在某张工作表前面插入一张新工作表,操作步骤如下。

(1) 右击工作表标签,弹出其快捷菜单,如图4-2所示,选择"插入"命令,弹出"插入"对话框,如图4-3所示。

图4-2　工作表标签的快捷菜单

(2) 切换到"常用"选项卡,选择"工作表",或者切换到"电子表格方案"选项卡,选择某个固定格式的表格,然后单击"确定"按钮关闭对话框。

插入的新工作表会成为当前工作表。

其实,插入新工作表最快捷的方法还是单击工作表标签右侧的"新工作表"按钮。

3. 删除工作表

删除工作表的方法是,先选定要删除的工作表,然后右击工作表标签,在弹出的快捷菜单中选择"删除"命令,如图4-2所示。

图 4-3 "插入"对话框

如果工作表中含有数据,则会弹出确认删除对话框,如图 4-4 所示,单击"删除"按钮,该工作表即被删除,该工作表对应的标签也会消失。被删除的工作表无法用"撤销"命令来恢复。

图 4-4 确认删除对话框

如果要删除的工作表中没有数据,则不会弹出确认删除对话框,工作表将被直接删除。

4. 移动和复制工作表

工作表在工作簿中的顺序并不是固定不变的,可以通过移动或复制工作表来重新安排它们的排列次序。移动或复制工作表的方法有如下两种。

(1) 选定要移动的工作表,在工作表标签上按住鼠标左键拖曳,在拖曳的同时可以看到鼠标指针上多了一个文档标记,同时在工作表标签上有一个黑色箭头指示位置,拖到目标位置处释放鼠标左键,即可改变工作表的位置,如图 4-5 所示。按住 Ctrl 键拖曳实现的是复制操作。

(2) 右击工作表标签,选择快捷菜单中的"移动或复制"命令,弹出"移动或复制工作表"对话框,如图 4-6 所示,选择要移动到的位置。如果勾选"建立副本"复选框,则实现的是复制操作。

5. 重命名工作表

前面说过,Excel 2016 在建立一个新的工作簿时只有一张工作表,且以"Sheet1"命名。但在实际工作中,这种命名不便于记忆,也不利于有效管理,可以为工作表重新命名。重命名工作表常采用如下两种方法。

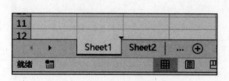
图 4-5 拖曳工作表标签

图 4-6 移动或复制工作表对话框

(1) 双击工作表标签。

(2) 右击工作表标签,选择其快捷菜单中的"重命名"命令。

【说明】 上述两种方法均会使工作表标签变成黑底白字,输入新的工作表名后按 Enter 键即可。

4.2.2 在工作表中输入数据

1. 输入数据的基本方法

在工作表中输入数据的一般操作步骤如下。

(1) 单击某个工作表标签,选择要输入数据的工作表。

(2) 单击要输入数据的单元格,使之成为当前单元格,此时"名称框"中显示该单元格的名称。

(3) 向该单元格直接输入数据,也可以在编辑栏输入数据,输入的数据会同时显示在该单元格和编辑栏中。

(4) 如果输入的数据有错,可单击工具框中的"×"按钮或按 Esc 键取消输入,然后重新输入。如果正确,可单击工具框中的"√"按钮或按 Enter 键确认。

(5) 继续向其他单元格输入数据。选择其他单元格可用如下方法。

① 按方向键→、←、↓、↑。

② 按 Enter 键。

③ 直接单击其他单元格。

2. 数据类型

Excel 2016 中所处理的数据分为 4 种类型,不同的数据类型对应不同的输入方法、显示格式和运算规则。

(1) 数值型数据。

数值型数据除了数字(0~9)外,还包括正负号(+、-)、指数符号(E、e)、小数点(.)、分数符号(/)、千分位符号(,)等。数值型数据可参加算术运算。

(2) 日期型数据。

Excel 2016 内置了一些日期时间型数据的格式,常见的日期时间格式为"mm/dd/yy"

"dd-mm-yy""hh:mm(AM/PM)"等。

(3) 逻辑型数据。

逻辑型数据用于表示条件成立与否,只有两个值:TRUE 和 FALSE。

(4) 文本型数据。

键盘上能够输入的任何数据,凡是不能被归类为前面 3 种类型的数据,都被默认为文本型数据。

【注意】 在没有为单元格设置任何格式的前提下,在单元格中输入数据后,以上 4 种类型的数据都按默认对齐方式显示,如图 4-7 所示。

3. 数据输入

Excel 2016 提供了多种数据输入方法,主要包括直接输入数据、利用"自动填充"功能有规律地输入数据、导入外部数据等。

图 4-7 4 种类型数据的默认对齐方式

(1) 直接输入数据。

插入点定位在待输入的单元格后直接用键盘输入,同时在编辑栏可看到正在输入的数据。对于不同的数据类型,Excel 有以下处理规则。

① 在单元格中输入超过 11 位的数字时,Excel 会自动使用科学记数法来显示该数字,例如在单元格中输入了数字"123456789101",该数字将显示为"1.23457E+11"。

② 如果要在单元格中输入职工工号、学生学号或居民身份证号码,需要先将这些单元格的数据类型设置为文本型;或者在数字前加英文单引号"'",否则文本前的所有数字 0 会被当成数值型数据省略,同时会被默认为以数值型数据存储。

③ 数值型数据要求在输入分数前加 0 和空格,以此区分数值型数据和系统默认的日期型数据。例如当要输入 4/5 的时候,在单元格里应输入"0 4/5",否则按 Enter 键后会显示 4 月 5 日。

(2) "自动填充"有规律的数据。

有规律的数据是指符合等差、等比规律的数值型数据序列,或者系统预先定义的数据填充序列以及用户自定义的新序列。自动填充是指系统根据已输入的初始值自动决定以后的填充项。

【例 4.2】 打开 Excel 工作簿,选择 Sheet1 工作表。

要求如下。

① 在 A1:G1 单元格区域填充相同的数据 1。

② 在 A2:G2 单元格区域填充步长值为 2 的等差序列,初始值为 1。

③ 在 A3:G3 单元格区域填充步长值为 2 的等比序列,初始值为 1。

④ 在 A4:G4 单元格区域填充"星期一"到"星期日"的文字序列。

【操作解析】

① 填充相同数据 1。

在 A1 单元格输入数字 1,选中 A1 单元格,将光标移至 A1 单元格右下角的复制柄,按住鼠标左键向右拖曳至 G1 单元格,完成数据的复制。

② 填充等差序列。

在 A2 单元格输入数字 1,B2 单元格输入数字 3,然后选中这两个单元格,并将光标指向

B2 单元格右下角的填充柄,待光标变成"+"形状,按住鼠标左键向右拖曳至 G2 单元格,即可在 A2:G2 单元格区域填充一个等差数字序列,其步长值为 2。

③ 填充等比序列。

在 A3 单元格输入 1,并选中 A3 至 G3 单元格区域,然后单击"开始"|"编辑"分组中的"填充"按钮,在其下拉列表中选择"序列"命令,打开图 4-8 所示的"序列"对话框,在"类型"栏中选中"等比序列"单选按钮,并将"步长值"设置为 2,单击"确定"按钮,即可在 A3:G3 单元格区域填充一个步长值为 2 的等比序列。

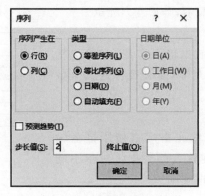

图 4-8 "序列"对话框

④ 填充系统预先定义的数据序列。

在 A4 单元格输入"星期一",并选中 A4 单元格,将光标移至右下角的填充柄,按住鼠标左键向右拖曳至 G4 单元格,完成数据序列的填充,如图 4-9 所示。

图 4-9 填充相同数据和等差、等比、数据序列

(3) 导入外部数据。

单击"数据"|"获取外部数据"分组中的相应按钮,可获取"自 Access""自 Web""自文本""自其他来源"的数据,如图 4-10 所示。

图 4-10 "数据"|"获取外部数据"功能组

4. 确保输入有效数据

在进行大量数据输入时,为确保输入有效数据,Excel 2016 提供了"数据验证"设置和检验功能。其方法是:选定待检验的单元格区域,单击"数据"|"数据工具"分组中的"数据验证"按钮,在其下拉列表中选择"数据验证"命令,打开"数据验证"对话框,在"设置"

选项卡下设置输入数据的范围(如果是学生成绩,其范围应是 0~100),如图 4-11 所示,同时在"出错警告"选项卡中进行信息提示的设置,如图 4-12 所示。设置完成后单击"确定"按钮。

图 4-11 "设置"选项卡

图 4-12 "出错警告"选项卡

当数据输入超出设置的有效范围时,系统会弹出提示输入错误的对话框。

4.2.3 编辑工作表

编辑工作表的操作主要包括选择操作对象、修改单元格内容、移动/复制内容、清除单元格或单元格区域、行/列的插入与删除。

1. 选择操作对象

选择操作对象主要包括选择单个单元格、选择连续单元格区域、选择不连续的多个单元格或区域以及选择特殊区域。选择方法如表 4-2 所示。

表 4-2 选择操作对象

选 择 对 象	操 作
选择单个单元格	单击该单元格
选择连续单元格区域	① 单击区域左上角的单元格,按住鼠标左键拖曳至右下角的单元格; ② 单击区域左上角的单元格,按住 Shift 键,单击右下角的单元格; ③ 在名称框中输入"左上角单元格地址:右下角单元格地址",然后按 Enter 键
选择不连续的多个单元格或区域	按住 Ctrl 键,分别选择各个待选单元格或区域
选择特殊区域	① 选择某个整行:直接单击该行的行标; ② 选择某个整列:直接单击该列的列标; ③ 选择整个工作表:单击工作表中的"全部选定区"或按 Ctrl+A 组合键

2. 修改单元格内容

修改单元格内容的方法有以下两种。

(1) 双击单元格,便可直接对单元格的内容进行修改。

(2) 选中单元格,在编辑栏中进行修改。

3. 移动/复制内容

若要将待选区域(单元格或单元格区域)的内容移动/复制到其他单元格或单元格区域,可使用如下两种方法。

(1) 鼠标拖曳法。

首先将光标移动到待选区域的边框上,然后按住鼠标左键拖曳至目标位置,按住 Ctrl 键拖曳是复制。

(2) 剪贴板法。

操作步骤如下。

① 选定待选区域。

② 单击"开始"|"剪贴板"分组中的"剪切"或"复制"按钮。(待选区域出现虚线框)

③ 单击目标单元格或目标单元格区域左上角的单元格。

④ 单击"开始"|"剪贴板"分组中的"粘贴"按钮。

【说明】 单击"剪切"按钮实现的是移动,单击"复制"按钮实现的是复制。

4. 清除单元格或单元格区域

清除单元格或单元格区域不会删除单元格本身,而只是清除单元格或单元格区域中的内容、格式等之一或全部。

图 4-13 "清除"按钮下拉列表

操作步骤如下。

(1) 选中待清除的单元格或单元格区域。

(2) 单击"开始"|"编辑"分组中的"清除"按钮,在其下拉列表中选择"全部清除""清除格式""清除内容"等选项之一,即可实现相应项目的清除操作,如图 4-13 所示。

5. 行/列的插入与删除

(1) 插入行或列。

选中待插入行或列的位置,单击"开始"|"单元格"分组中的"插入"按钮,在其下拉列表中选择"插入工作表行"或"插入工作表列"选项即可插入行或列,如图 4-14 所示。新插入的行或列分别显示在当前行或当前列的上端或左端。

如果选择"插入单元格"选项,则会打开"插入"对话框,选中"活动单元格右移"或"活动单元格下移"选项,然后单击"确定"按钮,即可实现插入单元格的操作。

(2) 删除行或列。

选中要删除的行或列或单元格,单击"开始"|"单元格"分组中的"删除"按钮,在其下拉列表中选择"删除工作表行"或"删除工作表列"选项,可将选中的行或列删除,如图 4-15 所示。

图 4-14 "插入"下拉列表

图 4-15 "删除"下拉列表

如果选择"删除单元格"选项,则会打开"删除文档"对话框,选中"右侧单元格左移"或"下方单元格上移",然后单击"确定"按钮,即可实现删除单元格的操作。

4.2.4 格式化工作表

在工作表中完成数据输入和编辑以后,需要对工作表进行一定修饰,其中包括对表格设置边框、底纹、数据显示方式、对齐方式等。格式化后的工作表将更清晰、美观。

工作表的格式化一般可采用 3 种方法来实现:设置单元格格式、套用表格格式和设置条件格式。

1. 设置单元格格式

工作表由单元格组成,因此格式化工作表就是对单元格或单元格区域进行格式化。设置单元格格式,首先选中待格式化的单元格区域,然后通过单击"开始"|"字体""对齐方式""数字""样式"等功能组的相应命令按钮直接设置,如图 4-16 所示;也可在打开的"设置单元格格式"对话框中进行设置,如图 4-17 所示。

图 4-16　格式化功能区组

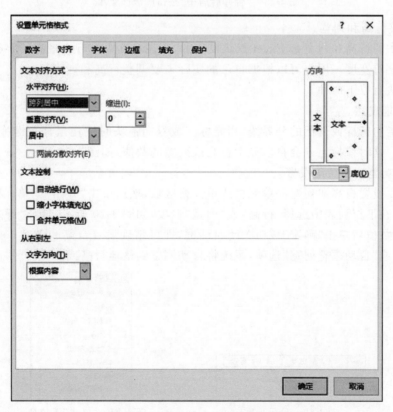

图 4-17　"设置单元格格式"对话框

(1) 设置对齐方式。

在"设置单元格格式"对话框的"对齐"选项卡下,可对所选中的单元格区域中的内容设置需要的对齐方式。

在"文本对齐方式"栏的"水平对齐"列表框中有常规、靠左(缩进)、居中、靠右(缩进)、填充、两端对齐、跨列居中、分散对齐(缩进)8个选项;"垂直对齐"列表框中有靠上、居中、靠下、两端对齐、分散对齐5个选项。

在设置单元格对齐方式的操作中,经常需要对放置标题文字的单元格区域设置"跨列居中"和"合并居中"。现就这两个操作简要说明如下。

① 跨列居中:在"水平对齐"列表框中选中"跨列居中"选项,在"垂直对齐"列表框中选中"居中"选项。

② 合并居中:在"水平对齐"列表框和"垂直对齐"列表框中均选中"居中"选项,在"文本控制"栏选中"合并单元格"复选框;它与在"开始"|"对齐方式"分组中单击"合并后居中"按钮的级联菜单中的"合并后居中"命令的操作完全等效,如图4-18所示。

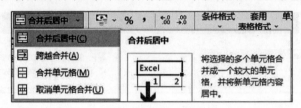

图4-18 "合并后居中"按钮的级联菜单

(2) 调整行高和列宽。

工作表中的行高和列宽是Excel默认设定的,行高自动以本行中最高的字符为准,列宽默认为8个字符宽度。用户可以根据自己的实际需要调整行高和列宽。

操作方法有以下两种。

① 鼠标拖曳法。

将光标指向行标或列标的分界线,当光标变成双向箭头时按住鼠标左键拖曳即可调整行高或列宽。这时鼠标上方会自动显示行高或列宽的数值,如图4-19所示。

② 使用功能按钮精确设置。

选定需要设置行高或列宽的单元格或单元格区域,然后单击"开始"|"单元格"分组中的"格式"按钮,在下拉列表中选择"行高"或"列宽"选项,如图4-20所示,打开"行高"或"列宽"对话框,输入数值后单击"确定"按钮关闭对话框,即可精确设置行高和列宽。如果选择"自动调整行高"或"自动调整列宽"选项,系统将自动调整到最佳行高或列宽。

图4-19 显示列宽　　　　图4-20 "格式"下拉列表

(3) 设置数字格式。

Excel 2016 提供了多种数字格式,在对数字格式化时可以通过设置小数位数、百分号、货币符号等来表示单元格中的数据。在"设置单元格格式"对话框中的"数字"选项卡下,在"分类"列表框中选择一种分类格式,在对话框的右侧窗格进一步设置小数位数、货币符号,如图 4-21 所示。

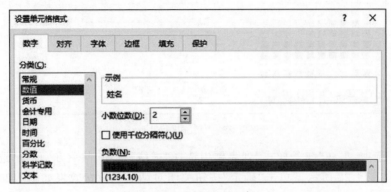

图 4-21 "数字"选项卡

(4) 设置字体格式。

在"设置单元格格式"对话框中的"字体"选项卡下,可对字体、字形、字号、字体颜色、下画线及特殊效果等进行设置。

(5) 设置边框和底纹。

在 Excel 工作表中可以看到灰色的网格线,但如果不进行设置,这些网格线是打印不出来的,为了突出工作表或某些单元格的内容,可以为其添加边框和底纹。首先选定待设置边框和底纹的单元格区域,然后在"设置单元格格式"对话框中的"边框"或"填充"选项卡中进行设置。

【例 4.3】 工作表格式化。进入例 4.3 文件夹,打开"LT4.3(素材).xlsx"文件,对"学生成绩表"的标题行设置跨列居中,将字体设置为楷体、20 磅、加粗、红色,添加浅绿色底纹;表格中其余数据水平和垂直居中,保留两位小数;为工作表中的 A2:D8 单元格区域添加虚线内框线、实线外框线。

【操作解析】

(1) 选中 A1:D1 单元格区域。

① 分别单击"开始"|"字体"组的"字体""字号""字体颜色""加粗"按钮设置字体。

② 单击"开始"|"对齐方式"分组中的"对齐设置"按钮,打开"设置单元格格式"对话框,在"水平对齐"下拉列表中选择"跨列居中"选项,在"垂直对齐"下拉列表中选择"居中"选项。

③ 切换至"填充"选项卡,选择浅绿色,如图 4-22 所示,单击"确定"按钮关闭对话框。

(2) 选中 A2:D8 单元格区域。

① 打开"设置单元格格式"对话框,切换至"对齐"选项卡,在"水平对齐"和"垂直对齐"两个下拉列表中均选择"居中"选项。

② 切换至"数字"选项卡,在"分类"列表框中选择"数值"选项,在"小数位数"数值框中输入"2"或调整为"2",如图 4-21 所示。

③ 切换至"边框"选项卡,在"线条样式"列表框中选择"实线"选项,在"预置"选项组中

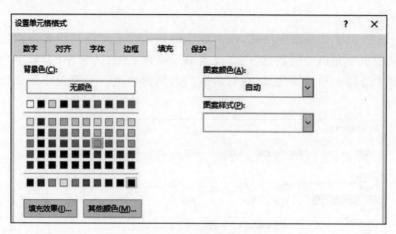

图 4-22 "填充"选项卡

选择"外边框"选项,再在"线条样式"列表框中选择"虚线"选项,然后在"预置"选项组中选择"内部"选项,如图 4-23 所示。单击"确定"按钮关闭对话框。设置效果如图 4-24 所示。

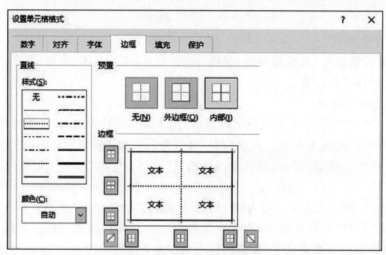

图 4-23 "边框"选项卡

	A	B	C	D
1		学生成绩表		
2	姓名	语文	数学	总分
3	王小兰	97.00	87.00	184.00
4	张峰	88.00	82.00	170.00
5	王志勇	75.00	70.00	145.00
6	李思	65.00	83.00	148.00
7	李梅	73.00	78.00	151.00
8	王芳芳	56.00	75.00	131.00

图 4-24 格式化工作表样例

(3) 单击"文件"|"另存为"命令,以文件名"LT4.3(样张).xlsx"保存于例 4.3 文件夹中。

【注意】 在 Excel 中,设置表格边框分内外边框线,应分开设置,应先选择线的样式(实线或虚线),线的颜色,再选择"内部"或"外边框",内部为内框线。在 Excel 中,如果不设置边框线,打印输出时是看不到表格线的。

2. 套用表格格式

Excel 2016 提供了包括浅色、中等色和深色 3 种类型共 60 种样式的表格，帮助用户快速格式化整张表格。套用的方法是，单击"开始"|"样式"分组中的"套用表格格式"按钮，在弹出的下拉列表中选择所需样式。还可以在其下拉列表中选择"新建表格样式"命令，在打开的"新建表样式"对话框中设置自己的表格样式。

3. 设置条件格式

利用 Excel 2016 提供的条件格式化功能，可以根据指定的条件设置单元格的格式，如改变字形、颜色、边框和底纹等，以便在大量数据中快速查阅到所需要的数据。

【例 4.4】 在 C 班学生成绩表中，利用条件格式化功能，指定当成绩大于 90 分时字形格式为"加粗"，字体颜色为"蓝色"，并添加黄色底纹。

【操作解析】 进入例 4.4 文件夹，打开"LT4.4（素材）.xlsx"文件，按如下方法操作。

(1) 选定要进行条件格式化的区域，在此选中"D11：F18"。

(2) 在"开始"|"样式"分组中单击"条件格式"→"突出显示单元格规则"→"大于"选项，打开"大于"对话框，如图 4-25 所示，在"为大于以下值的单元格设置格式"文本框中输入"90"，在其右边的"设置为"下拉列表中选择"自定义格式"选项，打开"设置单元格格式"对话框。

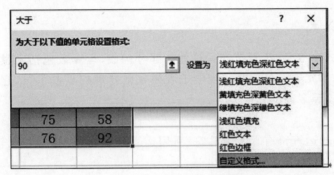

图 4-25 "大于"对话框

(3) 在"设置单元格格式"对话框中切换至"字体"选项卡，将字形设置为"加粗"，字体颜色设置为"蓝色"，如图 4-26 所示。切换至"填充"选项卡，将底纹颜色设置为"黄色"，然后单击"确定"按钮，返回"大于"对话框，再单击"确定"按钮关闭对话框，设置效果如图 4-27 所示。

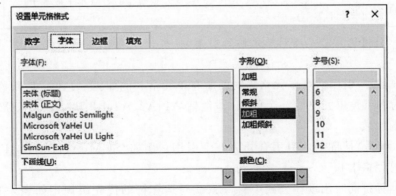

图 4-26 设置条件格式

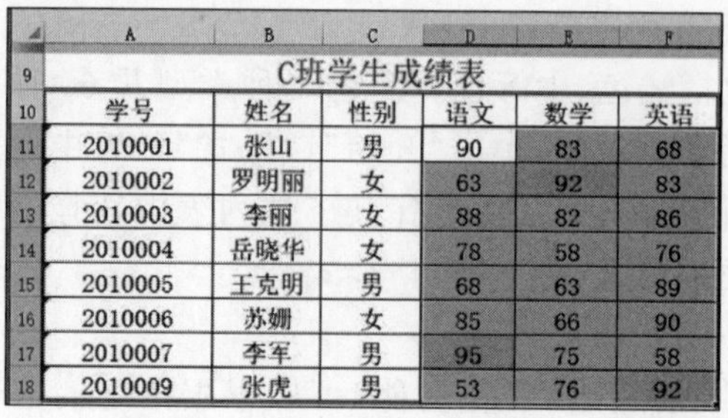

C班学生成绩表					
学号	姓名	性别	语文	数学	英语
2010001	张山	男	90	83	68
2010002	罗明丽	女	63	92	83
2010003	李丽	女	88	82	86
2010004	岳晓华	女	78	58	76
2010005	王克明	男	68	63	89
2010006	苏姗	女	85	66	90
2010007	李军	男	95	75	58
2010009	张虎	男	53	76	92

图 4-27　条件格式设置效果

4.3　Excel 2016 的数据计算功能

Excel 电子表格系统除了能进行一般的表格处理外，还能进行数据计算。在 Excel 中，用户可以在单元格中输入公式或使用 Excel 提供的函数完成对工作表中数据的计算，并且当工作表中的数据发生变化时，计算的结果也会自动更新，可以帮助用户快速、准确地完成数据计算。

4.3.1　使用公式

Excel 中的公式由等号、运算符和运算数 3 部分构成，运算数包括常量、单元格引用值、名称和工作表函数等元素。公式是实现电子表格数据处理的重要手段，它可以对数据进行加、减、乘、除及比较等多种运算。

1. 运算符

公式中常使用的运算符有算术运算符、引用运算符、文本运算符和比较运算符 4 种，如表 4-3 所示。

表 4-3　Excel 中常用的运算符

运算符名称	符号表示形式和意义	优先级
算术运算符	+(加)、-(减)、*(乘)、/(除)、%(百分号)、^(乘方)	2
引用运算符	:(区域运算符)、,(并集运算符)	1
文本运算符	&(字符串连接符)	3
比较运算符	=(等于)、>(大于)、<(小于)、>=(大于或等于)、<=(小于或等于)、<>(不等于)	4

【说明】 引用运算符是指对单元格的引用，一般出现在公式和函数中，常用的有“:”和“,”运算符。

(1) “:”(冒号)引用两个单元格之间的所有单元格。例如：“A1:C3”是以 A1 为左上角单元格，C3 为右下角单元格的一个区域，即包括 A1、A2、A3、B1、B2、B3、C1、C2、C3 共 9 个单元格组成的区域。

(2) “,”(逗号)是将多个引用合并为一个引用。例如“SUM(A1:D3,E3:F6)”，对两个区域的所有单元格求和。

当多个运算符同时出现在公式中时，Excel 对运算符的优先级规定如表 4-3 所示，即引用运算符优先级最高，接下来依次为算术运算符、文本运算符、比较运算符。

算术运算符从高到低分 3 个级别：百分号和乘方，乘和除，加和减。各比较运算符优先级相同。当然，也可使用小括号来改变运算的优先级。

2. 输入公式

在指定的单元格内可以输入自定义的公式，其格式为"＝公式"。

操作步骤如下。

(1) 选定要输入公式的单元格。

(2) 输入等号"＝"作为公式的开始。

(3) 输入相应的运算符，选取包含参与计算的单元格的引用。

(4) 按 Enter 键或者单击工具框上的✓按钮确认。

【说明】 *在输入公式时，等号和运算符号必须采用半角英文符号。*

3. 复制公式

如果有多个单元格用的是同一个运算公式，可使用复制公式的方法简化操作。可以通过公式所在单元格右下角的填充柄拖曳复制，也可以直接双击填充柄实现公式的快速自动复制。

【例 4.5】 在图 4-28 所示的表格中计算出各教师的工资。

A1　fx 教师工资

	A	B	C	D	E	F	G
1	教师工资						
2	部门	姓名	基本工资	岗位津贴	总计	绩效工资	福利工资
3	数学系	张玉霞	1100	356		2356	50
4	基础部	李青	980	550		2340	100
5	艺术系	王大鹏	1380	500		1500	100

图 4-28　计算教师工资

【操作解析】 进入例 4.5 文件夹，打开"LT4.5(素材).xlsx"文件，继续如下操作。

① 选定要输入公式的单元格 E3。输入等号和公式"＝C3＋D3＋F3＋G3"，这里的单元格引用可直接单击单元格，也可以输入相应的单元格地址。

② 按 Enter 键，或单击工具框中的✓按钮，计算结果即出现在 E3 单元格。

③ 按住鼠标左键拖曳 E3 单元格右下角的填充柄至 E5 单元格，完成公式复制。

④ 以文件名"LT4.5(样张).xlsx"保存于例 4.5 文件夹中。计算结果如图 4-29 和图 4-30 所示。

E3　fx =C3+D3+F3+G3

	A	B	C	D	E	F	G
1	教师工资						
2	部门	姓名	基本工资	岗位津贴	总计	绩效工资	福利工资
3	数学系	张玉霞	1100	356	3862	2356	50
4	基础部	李青	980	550	3970	2340	100
5	艺术系	王大鹏	1380	500	3480	1500	100

图 4-29　教师工资计算结果(选中 E3 单元格时)

4. 单元格引用

在 Excel 中，公式或函数的使用十分方便灵活，这在很大程度上得益于单元格的引用和对单元格公式的复制。所谓单元格引用，是指在公式中将单元格的地址作为变量来使用，而变量的值就是相应单元格中的数据。

E4 =C4+D4+F4+G4

	A	B	C	D	E	F	G
1	教师工资						
2	部门	姓名	基本工资	岗位津贴	总计	绩效工资	福利工资
3	数学系	张玉霞	1100	356	3862	2356	50
4	基础部	李青	980	550	3970	2340	100
5	艺术系	王大鹏	1380	500	3480	1500	100

图 4-30 教师工资计算结果(选中 E4 单元格时)

在复制公式时,根据其中所引用的单元格的地址是否会自动调整,可将单元格的引用分为 3 种：相对引用、绝对引用和混合引用。

(1) 相对引用。

相对引用又称相对地址,是指当公式在复制、移动时会根据移动的位置自动调整公式中所引用单元格的地址。相对引用是单元格引用的默认方式,也是最常用的。

相对引用地址的表示形式为：“列标＋行标”表示单元格,如 A2、C3；“单元格：单元格”表示单元格区域,如 A1:E5。

如上例,计算教师工资使用的是复制公式的方法,即拖曳 E3(放置公式的单元格)单元格右下角的填充柄至 E5 单元格完成复制,图 4-29 为选中 E3 单元格后编辑栏显示的公式,图 4-30 为选中 E4 单元格后编辑栏显示的公式。通过比较,我们发现,在公式复制过程中,公式中所引用的单元格地址会随着放置公式的单元格的位置自动调整。这就是相对引用。

(2) 绝对引用。

绝对引用又称绝对地址,就是当公式或函数在复制、移动时,绝对引用单元格的地址不会随着公式位置的变化而改变。

绝对引用地址的表示形式为：“＄列标＄行标”表示单元格,如＄A＄2；“绝对引用单元格：绝对引用单元格”表示单元格区域,如＄A＄1:＄E＄5。

【例 4.6】 在图 4-31 所示的工作表中计算出各种书籍的销售比例。

	A	B	C
1	各种书籍的销售情况		
2	书名	销售数量	所占百分比
3	计算机基础	526	
4	微机原理	158	
5	汇编语言	261	
6	计算机网络	328	
7	合计		

图 4-31 各种书籍销售数量

【分析】 首先需要计算出 4 种书籍的合计销量,然后计算每种书籍在合计销量中所占的比例,显然应使用除法完成此运算。被除数是每一种书的销量,除数是合计销量,如果使用复制公式的方法计算,则在复制公式过程中,放置合计销量的单元格(除数)的地址不应该随着放置公式的位置的变化而改变,属于绝对引用,而放置每一种书籍销量(被除数)的单元格应该随着放置公式的位置变化而自动调整,属于相对引用。

【操作解析】 进入例 4.6 文件夹,打开“LT4.6(素材).xlsx”文件,继续如下操作。

① 选中 B7 单元格,利用加法运算计算 4 种书籍的合计销量。

② 选中 C3 单元格,输入公式“＝B3/＄B＄7”,按 Enter 键,切换至“开始”|“数字”分组中,单击“数字格式”按钮,在其下拉列表中选择“百分比”命令,将计算结果转换为百分数。

③ 选中 C3 单元格,光标指向其右下角的填充柄,按住鼠标左键拖曳至 C6 单元格完成公式复制。

④ 以文件名"LT4.6(样张).xlsx"保存于例 4.6 文件夹中。

(3) 混合引用。

混合引用又称混合地址,是指单元格地址的列标或行标前有一个加上了"＄"符号,如＄A2 或 A＄2,即在拖曳中引用地址分别锁定了第 A 列或第 2 行。当公式在复制、移动时,混合引用是相对引用和绝对引用的结合。

对于例 4.6 要求计算每一种书籍的销量占总销量的比例,使用混合引用替换绝对引用也能达到同样的效果。即在 C3 单元格输入公式"＝B3/B＄7"。图 4-32 是两种引用的比较,可见,两种引用用在同一个问题中能达到同样的效果。

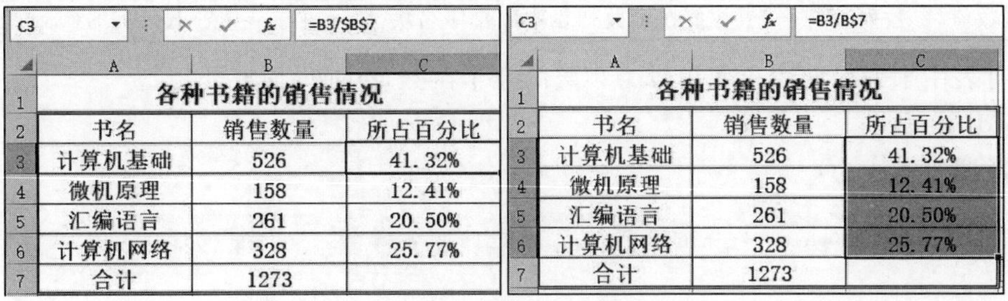

图 4-32　绝对引用和混合引用的比较

【思考】　此处,为何绝对引用和混合引用可达到同样的效果?

4.3.2　使用函数

使用公式计算虽然很方便,但只能完成简单的数据计算,对于复杂的运算需要使用函数来完成。函数是预先设置好的公式,Excel 提供了几百个内置函数,可以对特定区域的数据实施一系列操作。利用函数进行复杂的运算,比利用等效的公式进行计算更快、更灵活、效率更高。

1. 函数的组成

函数的语法形式为:

函数名(参数列表)

(1) 函数名是系统保留的名称,是系统执行某种运算的函数调用。

(2) 参数列表可以是单个参数,也可以是逗号分隔的多个参数。参数形式可以是常量、单元格或单元格区域引用、公式或其他函数。也可能没有参数,如 PI(),它的功能是返回圆周率 π 的值。

(3) 函数的返回值类型。根据函数类别和功能的不同,函数返回值的类型也不同,有数值类型、文本类型、逻辑类型和日期类型等。

2. 常用函数介绍

一般用户会经常使用一些固定的函数进行数据计算,主要包括求和函数 SUM、平均值函数 AVERAGE、最大值函数 MAX、最小值函数 MIN、计数函数 COUNT、条件计数函数 COUNTIF、条件求和函数 SUMIF、排位函数 RANK 等。

表 4-4 列出了常用函数,函数返回值均为数值型。

表 4-4 常用函数

函数形式	函数功能	函数举例
SUM(参数列表)	求参数列表的数值和	=SUM(A2:A9)
AVERAGE(参数列表)	求参数列表的数值平均值	=AVERAGE(C2:C8)
MAX(参数列表)	求参数列表中最大的数值	=MAX(D3:D9)
MIN(参数列表)	求参数列表中最小的数值	=MIN(E2:E10)
COUNT(参数列表)	统计参数列表中数值的个数	=COUNT(E3:F5)
COUNTIF(参数列表,条件)	统计参数列表中满足条件的数值个数	=COUNTIF(B3:B12,"中等")
SUMIF(参数列表,条件)	求参数列表中满足条件的数值和	=SUMIF(B2:B9,">90")
RANK(数值,参数列表)	数值在参数列表中的排序名次	=RANK(C3,$C$3:$C$9)

还有表中未列出的用户使用较为频繁的几个函数,下面做简要介绍。

(1) IF 函数。

函数调用格式为:

```
IF(logical_test,[value_if_true],[value_if_false])
```

该函数实现的功能:如果 logical_test 逻辑表达式的计算结果为 TRUE,IF 函数将返回某个值,否则返回另一个值。

参数含义如下。

logical_test:必需的参数,作为判断条件的任意值或表达式。

value_if_true:logical_test 参数的计算结果为 TRUE 时所要返回的值。

value_if_false:logical_test 参数的计算结果为 FALSE 时所要返回的值。

举例:IF(5>3,"OK","NO"),结果返回值是:OK。

(2) VLOOKUP 函数。

函数调用格式为:

```
VLOOKUP(lookup_value,table_array,col_index,range_lookup)
```

该函数实现的功能:搜索某个单元格区域的第一列(默认按升序排列),然后返回该单元格区域同行上指定单元格的值,如果查找失败,则返回错误信息"#N/A"。

参数含义如下。

lookup_value:要查找的数值、引用或文本字符串。

table_array:要查找的数据区域及返回数据区域。

col_index:指定返回数据在要查找的数据区域的第几列。

range_lookup:指定采用近似匹配还是精确匹配。近似匹配用数值 1 或逻辑值 TRUE 表示,精确匹配用数值 0 或逻辑值 FALSE 表示(或不填)。

(3) AVERAGEIF 函数。

函数调用格式为:

```
AVERAGEIF(range,criteria,[average_range])
```

该函数实现的功能:计算某个区域内满足给定条件的所有单元格的算术平均值。

参数含义如下。

range：必需参数，表示要进行条件判断的单元格区域。

criteria：必需参数，表示要进行判断的条件，形式可以是数字、表达式、单元格引用或文本字符串。

[average_range]：可选参数，表示要计算算术平均值的实际单元格。如果忽略，则对 range 参数指定的单元格区域进行计算。

实例：计算男生的平均成绩

如图 4-33 所示，A 列为学生姓名，B 列为性别，C 列为成绩，要求在 E2 单元格中计算出男生的平均成绩。

在 E2 单元格输入公式“=AVERAGEIF(B2:B8,“男”,C2:C8)”，按 Enter 键。

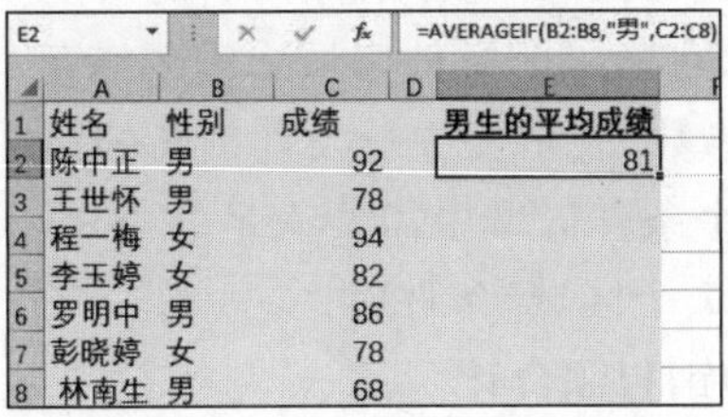
E2 =AVERAGEIF(B2:B8,"男",C2:C8)

	A	B	C	D	E
1	姓名	性别	成绩		男生的平均成绩
2	陈中正	男	92		81
3	王世怀	男	78		
4	程一梅	女	94		
5	李玉婷	女	82		
6	罗明中	男	86		
7	彭晓婷	女	78		
8	林南生	男	68		

图 4-33　AVERAGEIF 函数的应用

(4) AVERAGEIFS 函数。

函数调用格式为：

```
AVERAGEIFS(average_range,criteria_range1,criteria1,[criteria_range2,criteria2],…)
```

该函数实现的功能：计算满足多个条件的所有单元格的算术平均值。

参数含义如下。

average_range：必需参数，表示要计算算术平均值的单元格区域。

criteria_range1：必需参数，表示要进行条件判断的第 1 个单元格区域。

criteria1：必需参数，表示在第 1 个条件区域中需要满足的条件。

[criteria_range2]：可选参数，表示要进行条件判断的第 2 个单元格区域。

[criteria2]：表示在第 2 个条件区域中需要满足的条件。

以此类推，最多可包含 127 个区域/条件对。

实例：计算 80 分以上的男生的平均成绩

如图 4-34 所示，A 列为学生姓名，B 列为性别，C 列为成绩，要求在 E2 单元格中计算出 80 分以上的男生的平均成绩。

在 E2 单元格输入公式“=AVERAGEIFS(C2:C8,B2:B8,“男”,C2:C8,“>80”)”按 Enter 键。

(5) SUMIFS 函数。

函数调用格式为：

```
SUMIFS(sum_range,criteria_range1,criteria1,[criteria_range2,criteria2],…)
```

该函数实现的功能：计算单元格区域中满足多个指定条件的数字的总和。

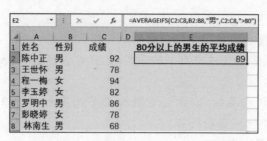

图 4-34 AVERAGEIFS 函数的应用

参数含义如下。

sum_range：必需参数，表示要求和的单元格区域。

criteria_range1：必需参数，表示要进行条件判断的第 1 个单元格区域。

criteria1：必需参数，表示在第 1 个条件区域中需要满足的条件。

[criteria_range2]：可选参数，表示要进行条件判断的第 2 个单元格区域。

[criteria2]：表示在第 2 个条件区域中需要满足的条件。

以此类推，最多可包含 127 个区域/条件对。

实例：计算某年某季度的销售额合计

如图 4-35 所示，A 列为年份，B 列为季度，C 列为月份，D 列为销售额，要求在 H2 和 H3 单元格中分别计算出 2017 年第二季度和 2018 年第二季度的总销售额。

在 H2 单元格中输入公式"＝SUMIFS(D＄2:D＄13,A＄2:A＄13,F2,B＄2:B＄13,G2)"，按 Enter 键，选中 H2 右下角的填充柄并按住鼠标左键拖曳至 H3 单元格，完成公式复制。

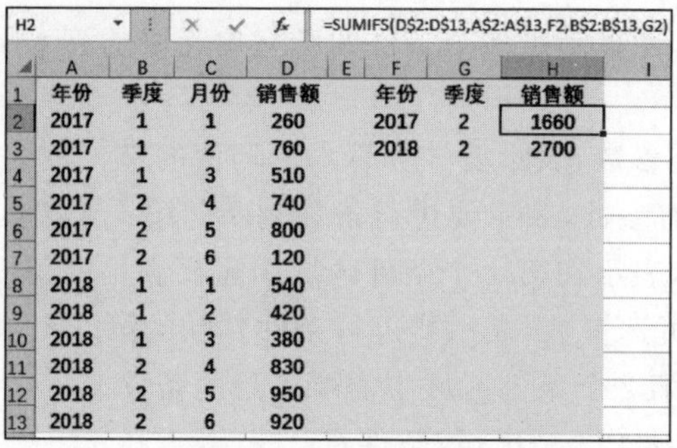

图 4-35 SUMIFS 函数的应用

(6) TEXT 函数。

函数调用格式为：

TEXT(value,format_text)

该函数实现的功能：把数字设置为指定格式的文本。

参数含义如下：

value：必需参数，表示要设置格式的数字。

format_text：必需参数，表示要为数字设置格式的格式代码，需要用英文半角双引号括起来。

实例：从日期中提取年份值和月份值

如图 4-36 所示，C 列为日期值，从 C2:C8 区域的日期值中提取年份值放于 A2:A8 单元格区域，在 A2 单元格输入公式"=TEXT(C2,"yyyy")"，按 Enter 键，选中 A2 单元格的填充柄拖曳至 A8 单元格。

如图 4-37 所示，从 C2:C8 区域的日期值中提取月份值放于 B2:B8 单元格区域，在 B2 单元格输入公式"=TEXT(C2,"m")"，按 Enter 键，选中 B2 单元格的填充柄拖曳至 B8 单元格。

图 4-36　从日期数据中提取年份值　　　图 4-37　从日期数据中提取月份值

从日期数据中提取年份值和月份值还可以用 year(value)函数和 month(value)函数，如图 4-38 和图 4-39 所示。（value：必需参数，为日期数据）

图 4-38　year 函数应用　　　　　　　图 4-39　month 函数应用

3. 输入函数

输入函数有以下两种方法。

（1）直接输入。

当用户非常熟悉函数的语法和格式，或要使用的函数较简单时，可以直接在单元格或编辑栏中输入该函数。在输入过程中，系统还会不间断地提示用户函数正确的语法格式，帮助用户完成函数的输入。这种方法最为便捷。

（2）使用函数向导。

插入函数向导，在向导指引下，依次完成选择函数类型、函数名和参数的操作。

① 选择函数类型。单击"公式"|"函数库"分组中的"插入函数"按钮或直接单击编辑栏工具框中的 *fx*（插入函数）按钮，打开"插入函数"对话框，如图 4-40 所示。在"或选择类别"下拉列表中选择函数类型（默认为"常用函数"）。

② 选择函数名。在"选择函数"列表中选择所需的函数，例如选择 SUM 函数，单击"确定"按钮后打开"函数参数"对话框，如图 4-41 所示。

③ 确定函数参数。在"函数参数"对话框的"Number1"参数编辑框中输入参数，一般为单元格区域引用。单元格区域引用形式为"区域左上角单元格:区域右下角单元格"。

图 4-40 "插入函数"对话框

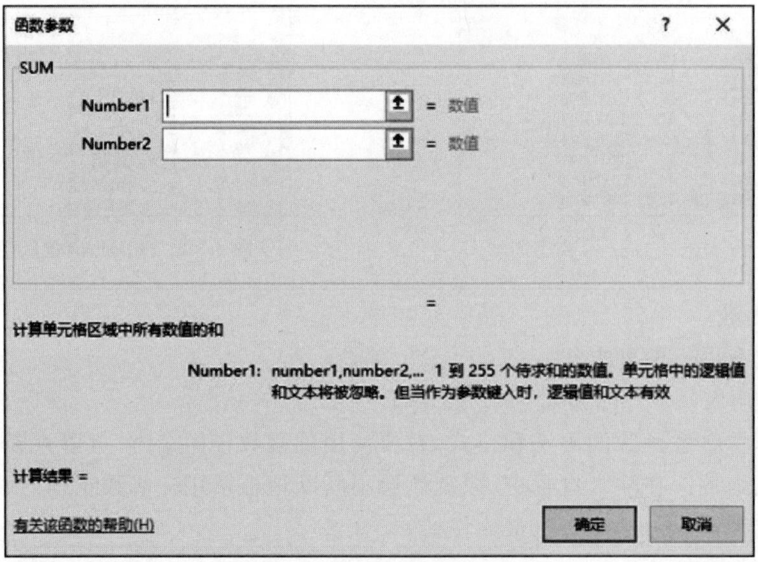

图 4-41 "函数参数"对话框

也可单击折叠按钮将对话框折叠起来，直接在工作表中用鼠标拖曳单元格区域去选择参数，然后再单击展开按钮，继续完成对话框中的其他操作。

4. 使用函数

下面通过举例说明函数的使用方法。

【例 4.7】 在图 4-42 所示的工作表中按英语成绩所在的不同分数段计算对应的等级。

等级标准的划分原则：90～100 分为优，80～89 分为良，70～79 分为中，60～69 分为及格，60 分以下为不及格。

【分析】 很显然，这一问题需要使用逻辑判断函数即条件函数完成计算。

	A	B	C	D
1	A班英语成绩统计表			
2	学号	姓名	英语	等级
3	201001	陈卫东	75	
4	201002	黎明	86	
5	201003	汪洋	54	
6	201004	李一兵	65	
7	201005	肖前卫	94	

图 4-42 A 班英语成绩

【操作解析】 进入例 4.7 文件夹，打开“LT4.7(素材).xlsx”文件，继续如下操作。

(1) 选中 D3 单元格，在“编辑栏”输入公式“=IF(C3>=90,“优”,IF(C3>=80,“良”,IF(C3>=70,“中”,IF(C3>=60,“及格”,不及格”))))”。

该公式中使用的 IF 函数嵌套了 4 层。

(2) 单击工具框中的 ✔ 按钮或按 Enter 键，D3 单元格中显示的结果为“中”。

(3) 将光标移到 D3 单元格右下角的填充柄，当光标变成“+”形状时按住鼠标左键拖曳至 D7 单元格，在 D4:D7 单元格区域进行公式复制。

(4) 以文件名“LT4.7(样张).xlsx”保存于例 4.7 文件夹中。

计算结果如图 4-43 所示。

D3 =IF(C3>=90,"优",IF(C3>=80,"良",IF(C3>=70,"中",IF(C3>=60,"及格","不及格"))))

	A	B	C	D	E	F	G	H
1	A班英语成绩统计表							
2	学号	姓名	英语	等级				
3	201001	陈卫东	75	中				
4	201002	黎明	86	良				
5	201003	汪洋	54	不及格				
6	201004	李一兵	65	及格				
7	201005	肖前卫	94	优				

图 4-43 计算结果

【例 4.8】 计算 F 班数学成绩表中成绩等级为中等的学生人数，将其置于 D12 单元格中，如图 4-44 所示。

【分析】 此问题求解需要使用条件计数函数 COUNTIF。

	A	B	C	D
1	F班数学成绩表			
2	学号	姓名	数学	成绩等级
3	20130101	张三	91	优秀
4	20130102	李四	86	良好
5	20130103	王五	78	中等
6	20130104	汪明	81	良好
7	20130105	赵峰	65	及格
8	20130106	刘姗	75	中等
9	20130107	何达	72	中等
10	20130108	张丽	98	优秀
11	20130109	李丽	63	及格
12	数学成绩为中等的人数			

图 4-44 计算数学成绩等级为中等的人数

【操作解析】 进入例 4.8 文件夹，打开“LT4.8(素材).xlsx”文件，继续如下操作。

(1) 选中 D12 单元格。

(2) 在工具框中单击 *fx* 按钮，在打开的“插入函数”对话框中选择“统计”类的“COUNTIF”函数。

(3) 单击“确定”按钮，在打开的“函数参数”对话框中，在“Range”框输入 D3:D11，在“Criteria”框输入“中等”。

(4) 单击“确定”按钮。计算结果如图 4-45 所示。

D12 =COUNTIF(D3:D11,"中等")

	A	B	C	D
1	F班数学成绩表			
2	学号	姓名	数学	成绩等级
3	20130101	张三	91	优秀
4	20130102	李四	86	良好
5	20130103	王五	78	中等
6	20130104	汪明	81	良好
7	20130105	赵峰	65	及格
8	20130106	刘姗	75	中等
9	20130107	何达	72	中等
10	20130108	张丽	98	优秀
11	20130109	李丽	63	及格
12	数学成绩为中等的人数			3

图 4-45 数学成绩为中等的人数统计结果

(5) 以文件名“LT4.8(样张).xlsx”保存于例 4.8 文件夹中。

【例 4.9】 如图 4-46 所示,对 F 班学生的数学成绩进行排名,结果置于 D3:D11 单元格中。

	A	B	C	D
1	F班数学成绩表			
2	学号	姓名	数学	名次
3	20130101	张三	91	
4	20130102	李四	86	
5	20130103	王五	78	
6	20130104	汪明	81	
7	20130105	赵峰	65	
8	20130106	刘姗	75	
9	20130107	何达	72	
10	20130108	张丽	98	
11	20130109	李丽	63	

图 4-46 对 F 班学生的数学成绩进行排名

【分析】 此问题求解需要使用排位函数 RANK。

【操作解析】 进入例 4.9 文件夹,打开“LT4.9(素材).xlsx”文件,继续如下操作。

(1) 选中 D3 单元格,单击 *fx* 按钮打开“插入函数”对话框,选择函数“RANK”。

(2) 单击“确定”按钮,打开“函数参数”对话框,在“Number”参数框输入“C3”或选择 C3 单元格(单元格相对引用),在“Ref”参数框输入“$C$3:$C$11”(单元格绝对引用),在“Order”参数框输入“0”或为空,如图 4-47 所示。

(3) 单击“确定”按钮。拖曳 D3 单元格右下角的填充柄至 D11 单元格,完成公式复制,排名结果如图 4-48 所示。

(4) 以文件名“LT4.9(样张).xlsx”保存于例 4.9 文件夹中。

【提示】 成绩排序一般应是降序,若在“Order”参数框输入非零数字则为升序。

4.3.3 常见出错信息及解决方法

在使用 Excel 公式进行计算时,有时不能正确地计算出结果,并且在单元格内会显示出各种错误信息,表 4-5 列出了几种常见的错误信息、产生错误的可能原因及解决方法。

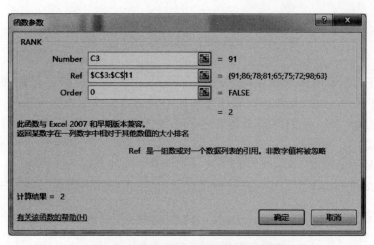

图 4-47　排位函数的函数参数对话框

	A	B	C	D
1	F班数学成绩表			
2	学号	姓名	数学	名次
3	20130101	张三	91	2
4	20130102	李四	86	3
5	20130103	王五	78	5
6	20130104	汪明	81	4
7	20130105	赵峰	65	8
8	20130106	刘姗	75	6
9	20130107	何达	72	7
10	20130108	张丽	98	1
11	20130109	李丽	63	9

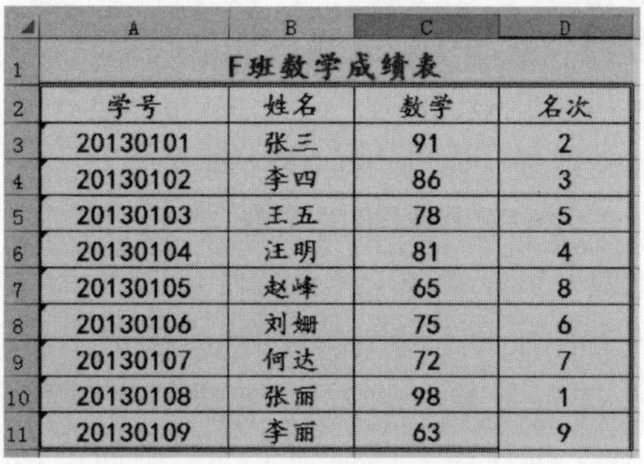

图 4-48　F 班学生数学成绩排名结果

表 4-5　常见出错信息及解决方法

错误信息	可能原因	解决方法
＃＃＃＃	列宽不够	调整列宽
＃DIV/0!	公式中除数为 0 或在公式中使用了空单元格	修改单元格引用,用非零数字填充
＃N/A	数值或公式不可用	在单元格中输入新的数值
＃REF!	移动或删除单元格导致了无效的单元格引用,或者是函数返回了引用错误信息	修改公式,恢复被引用的单元格范围或重新设定引用范围
＃!	公式使用的参数错误	确认所有公式参数没有错误并且公式引用的单元格中包含有效的数值
＃NUM!	公式或函数中使用了无效的参数,即公式计算结果过大或过小,超出了 Excel 的范围	确认公式或函数中使用的参数正确
＃NULL!	试图为两个并不相交的区域指定交叉点	取消两个范围之间的空格,用逗号来分隔不相交的区域
＃NAME!	Excel 不能识别公式中的文本	尽量使用 Excel 所提供的各种向导完成函数输入
＃VALUE!	含有错误类型的参数或者操作数	修改公式或函数中引用的参数类型

4.4 Excel 2016 的图表

Excel 可将工作表中的数据以图表的形式展示，这样可使数据更直观、更易于理解，同时也有助于用户分析数据，比较不同数据之间的差异。当数据源发生变化时，图表中对应的数据也会自动更新。Excel 的图表类型有包括二维图表和三维图表在内的十几类，每一类又有若干子类型。

根据图表显示的位置不同，可以将图表分为两种：一种是嵌入式图表，它和创建图表使用的数据源放在同一张工作表中；另一种是独立图表，即创建的图表另存为一张工作表。

4.4.1 图表概述

如果要建立 Excel 图表，首先要对需要建立图表的 Excel 工作表进行认真分析：一是要考虑选取工作表中的哪些数据，即创建图表的可用数据；二是要考虑建立什么类型的图表；三是要考虑对组成图表的各种元素如何进行编辑和格式设置。只有这样，才能使创建的图表形象、直观，具有专业化和可视化效果。

创建一个专业化的 Excel 图表一般采用如下步骤。

（1）选择数据源。从工作表中选择创建图表的可用数据。

（2）选择合适的图表类型及其子类型，创建初始化图表。"插入"选项卡的"图表"组如图 4-49 所示，其主要用于创建各种类型的图表，创建方法常用下面两种。

① 如果已经确定需要创建某种类型的图表，如饼图或圆环图，则直接在"图表"组单击饼图或圆环图的下拉按钮，在下拉列表中选择一个子类型即可，如图 4-50 所示。

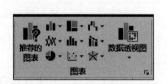

图 4-49 "插入"|"图表"分组

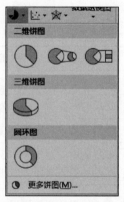

图 4-50 饼图或圆环图的下拉列表

② 如果创建的图表不在"图表"组所列项中，则可单击"推荐的图表"按钮，打开"插入图表"对话框，该对话框中包括"推荐的图表"和"所有图表"两个选项卡。

推荐的图表是根据用户所选数据源，由系统建议用户使用哪种图表。

如果对系统推荐的图表类型不满意，可切换至"所有图表"选项卡，这里列出了所有图表类型，可在对话框左侧列表中选择一种类型，右侧可预览效果。

通过以上两种方法创建的图表仅为一个没有经过编辑和格式设置的初始化图表。

（3）对第（2）步创建的初始化图表进行编辑和格式化设置，以满足自己的需要。

如图 4-51 所示，Excel 2016 中提供了 15 种图表类型。表 4-6 列出了 11 种图表的用途。

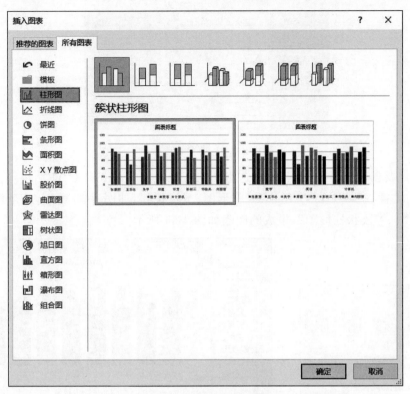

图 4-51 "插入图表"对话框

表 4-6 图表的用途

图表类型	用　　途
柱形图	用于比较一段时间中两个或多个项目的相对大小
折线图	按类别显示一段时间内数据的变化趋势
饼图	在单组中描述部分与整体的关系
条形图	在水平方向上比较不同类型的数据
面积图	强调一段时间内数据的相对重要性
XY 散点图	描述两种相关数据的关系
股价图	综合了柱形图的折线图，专门用来跟踪股票价格
曲面图	一个三维图，当第三个变量变化时，跟踪另外两个变量的变化
圆环图	以一个或多个数据类别来对比部分与整体的关系，在中间有一个更灵活的饼状图
气泡图	突出显示值的聚合，类似于散点图
雷达图	表明数据或数据频率相对于中心点的变化

4.4.2 创建初始化图表

下面以一张学生成绩表为例，说明创建初始化图表的过程。

【例 4.10】 根据图 4-52 所示的 A 班学生成绩表，创建每位学生三门科目成绩的简单三维簇状柱形图表。

【操作解析】 进入例 4.10 文件夹，打开"LT4.10(素材).xlsx"文件，继续如下操作。

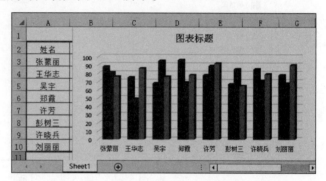

图 4-52 A 班学生成绩表

(1) 选定要创建图表的数据区域,这里所选区域为 A2:A10 和 C2:E10。
(2) 单击"插入"|"图表"分组中的"柱形图"下拉按钮,如图 4-53 所示,从下拉列表的子类型中选择"三维簇状柱形图",生成的图表如图 4-54 所示。

图 4-53 选择三维簇状柱形图　　　　图 4-54 A 班学生成绩简单三维簇状柱形图

图 4-54 所示图表仅为初始化图表或简单图表,对图表中各元素做进一步的编辑和格式化设置后,为图表中的各元素做出标识,如图 4-55 所示。

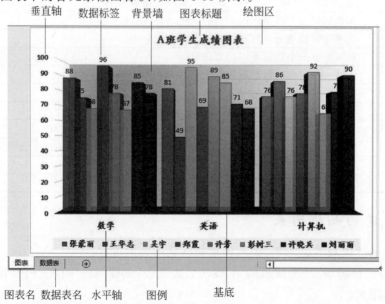

图 4-55 经过编辑和格式化设置并为图表中各元素做出标识

【说明】 图 4-54 所示图表为嵌入式图表,其图表和工作表位于一张表上,该表的名称为"sheet1"。而图 4-55 所示图表为独立式图表,图表名称为"图表",数据表名称为"数据表",该名称均可更改。

图表由绘图区、图表区、图表标题、图例、垂直轴和水平轴等构成。如果是三维图表,还有背景墙和基底。下面做简要说明。

① 绘图区是图表的主要组成部分,由图形和网格线组成。
② 图表区是整个图表的背景,图表中的所有信息都位于图表区中。
③ 图表标题是图表的名称,用来说明图表的主题。
④ 图例是使用不同颜色或形状来标识不同的数据系列。
⑤ 垂直轴和水平轴,它们的作用类似数学中平面坐标系的纵轴和横轴。

图 4-55 为三维图表,所以有背景墙和基底。

【思考】 二维图表有背景墙和基底吗?

4.4.3 图表的编辑和格式化设置

初始化图表建立以后,需要使用"图表工具-图表设计/格式"两个选项卡中的相应功能按钮,对初始化图表进行编辑和格式化设置。

单击选中图表或图表区的任何位置,即会弹出"图表工具-图表设计/格式"选项卡,如图 4-56 和图 4-57 所示。下面简单介绍这两个选项卡的使用方法,然后用例题说明如何对初始化图表进行编辑和格式化设置。

"图表工具-图表设计"选项卡,主要包括图表布局、图表样式、数据、类型和位置 5 个功能组,如图 4-56 所示。图表布局功能组包括"添加图表元素"和"快速布局"两个按钮。"添加图表元素"按钮主要用于图表标题、数据标签和图例的设置。"快速布局"按钮用于布局类型的设置。图表样式功能组用于图表样式和颜色的设置。数据功能组包括"切换行/列"和"选择数据"两个按钮,主要用于行、列的切换和选择数据源。类型功能组主要用于改变图表类型。位置功能组用于创建嵌入式或独立式图表。

图 4-56 "图表工具-图表设计"选项卡

"图表工具-格式"选项卡,主要包括当前所选内容、插入形状、形状样式、艺术字样式、排列和大小 6 个功能组,主要用于图表格式的设置,如图 4-57 所示。

图 4-57 "图表工具-格式"选项卡

对初始化图表进行编辑和格式化设置,还可选择双击图表区某元素所在区域,在弹出的设置某元素格式的面板中选择相应的命令,或者右击图表区任何位置,在弹出的快捷菜单中选择相应的命令。

【例 4.11】 根据图 4-58 所示的 A 班学生成绩表,创建刘丽丽同学三门科目成绩的三维饼图。要求图表独立放置,图表名和图表标题均为“刘丽丽三门课成绩分布图”,图表标题放于图表上方。图表标题字体为“华文行楷 24 磅 加粗”,字体颜色为红色;图表样式选“样式 2”;图表布局选“布局 1”;数据标签选“最佳匹配”,字体选“华文行楷 16 磅”;图例放置“底部”,图例字体选“华文行楷 18 磅”;图表绘图区设置为“渐变填充”。

	A	B	C	D	E
1	A班学生成绩表				
2	姓名	性别	数学	英语	计算机
3	张蒙丽	女	88	81	76
4	王华志	男	75	49	86
5	吴宇	男	68	95	76
6	郑霞	女	96	69	78
7	许芳	女	78	89	92
8	彭树三	男	67	85	65
9	许晓兵	男	85	71	79
10	刘丽丽	女	78	68	90
11					

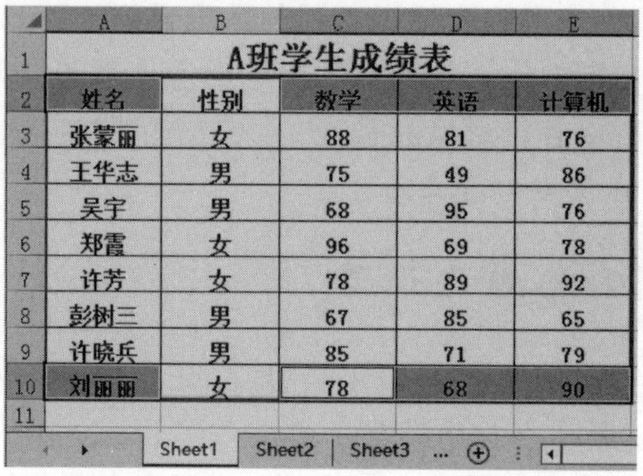

图 4-58　A 班学生成绩表

【操作解析】 进入例 4.11 文件夹,打开“LT4.11(素材).xlsx”文件,继续如下操作。

(1) 选择数据源。按照题目要求,只需选择姓名、数学、英语和计算机 4 个字段中关于刘丽丽的记录,即选择 A2,A10,C2:E2,C10:E10 这些不连续的单元格和单元格区域,如图 4-58 所示。

(2) 选择图表类型及其子类型。在“插入”|“图表”分组中单击“插入饼图或圆环图”下拉按钮,在下拉列表中选择“三维饼图”选项,如图 4-59 所示。

(3) 设置图表位置。按题目要求,应设置为独立式图表。在“图表工具-图表设计”|“位置”分组中单击“移动图表”按钮,在打开的“移动图表”对话框中选择“新工作表”单选按钮,将图表名字“Chart1”改为“刘丽丽三门课成绩分布图”,单击“确定”按钮关闭对话框,如图 4-60 所示。

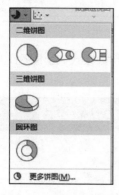

图 4-59　选择三维饼图

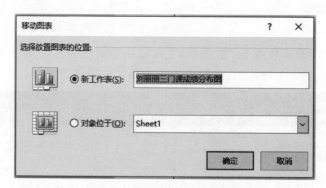

图 4-60　“移动图表”对话框

(4) 设置图表标题。在"图表工具-图表设计"|"图表布局"分组中单击"添加图表元素"按钮,在弹出的下拉列表中选择"图表标题"→"图表上方"选项,如图 4-61 所示。在图表标题框输入文字"刘丽丽三门课成绩分布图",字体为"华文行楷 24 磅 加粗",字体颜色为红色。

(5) 设置图表样式。在"图表工具-图表设计"|"图表样式"分组中选择"样式 2",如图 4-62 所示。

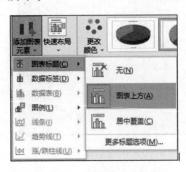
图 4-61　设置图表标题

图 4-62　设置图表样式

(6) 图表布局设置。在"图表工具-图表设计"|"图表布局"分组中单击"快速布局"按钮,在弹出的下拉列表中选"布局 1"选项,如图 4-63 所示。

(7) 设置数据标签。在"图表工具-图表设计"|"图表布局"分组中单击"添加图表元素"按钮,在弹出的下拉列表中选"数据标签"→"最佳匹配"选项,如图 4-64 所示。字体为"华文行楷 16 磅"。

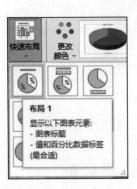
图 4-63　设置图表布局

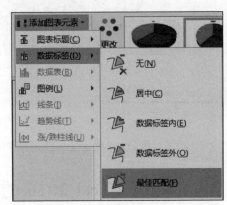
图 4-64　设置数据标签

(8) 设置图例。在"图表工具-图表设计"|"图表布局"分组中单击"添加图表元素"按钮,在弹出的下拉列表中选择"图例"→"底部"选项,如图 4-65 所示。字体为"华文行楷 18 磅"。

(9) 设置绘图区为"渐变填充"。双击绘图区,弹出"设置绘图区格式"面板,在"绘图区选项"下方,选"填充与线条"→"渐变填充"单选按钮,关闭面板,如图 4-66 所示。

(10) 调整图表大小并放置合适位置。设置效果如图 4-67 所示。

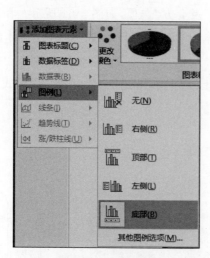

图 4-65 设置图例

图 4-66 设置绘图区格式

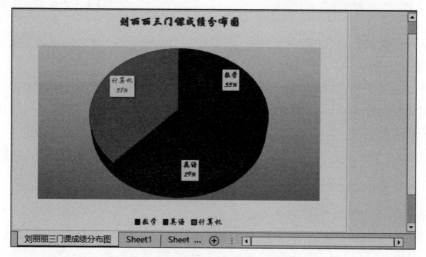

图 4-67 例 4.11 的设置效果图

(11) 以文件名"LT4.11(样张).xlsx"保存于例 4.11 文件夹中。

4.5 Excel 2016 的数据处理功能

Excel 不仅具有数据计算功能,还具有高效的数据处理功能,它可对数据进行排序、筛选、分类汇总和创建数据透视表。其操作方便、直观、高效,比一般数据库更胜一筹。

4.5.1 数据清单

数据清单又称数据列表,是工作表中的单元格构成的矩形区域,即一张二维表,如图 4-68 所示。可进入例 4.12 文件夹,打开"LT4.12(素材).xlsx"文件,其中的"Sheet1"工作表就是一张数据清单,它的特点如下:

（1）与数据库相对应，一张二维表被称为一个关系；二维表中的一列为一个"字段"，又称为"属性"；一行为一条"记录"，又称为元组；第一行为表头，又称"字段名"或"属性名"。如图 4-68 所示的数据表包含 7 个字段和 7 条记录。

图 4-68 Excel 工作表及表中数据

（2）表中不允许有空行空列，因为如果出现空行空列，会影响 Excel 对数据的检测和选定数据列表。每一列必须是性质相同、类型相同的数据，如字段名是"姓名"，则该列存放的数据必须全部是姓名；同时不能出现完全相同的两个数据行。

数据清单完全可以像一般工作表一样直接建立和编辑。

4.5.2 数据排序

数据排序是指按一定规则对数据进行整理、排列。数据表中的记录按用户输入的先后顺序排列以后，往往需要按照某一属性（列）顺序显示。例如，在学生成绩表中统计成绩时，常常需要按成绩从高到低或从低到高显示，这就需要对成绩进行排序。可对数据清单中的一列或多列数据按升序（数字 1→9，字母 A→Z）或降序（数字 9→1，字母 Z→A）排序。数据排序分为简单排序和多重排序。

1. 简单排序

在"数据"|"排序和筛选"分组中单击"升序"或"降序"按钮即可实现简单的排序，如图 4-69 所示。

图 4-69 "数据"|"排序和筛选"分组

【例 4.12】 在 B 班学生成绩表中，按英语成绩从高分到低分进行降序排序。

【操作解析】 进入例 4.12 文件夹，打开"LT4.12（素材）.xlsx"文件，继续如下操作。

（1）单击 B 班学生成绩表中"英语"所在列的任意一个单元格。

（2）单击"数据"|"排序和筛选"分组中的"降序"按钮，排序后的数据表如图 4-70 所示。

（3）以文件名"LT4.12（样张）.xlsx"保存于例 4.12 文件夹中。

2. 多重排序

使用"排序和筛选"分组中的"升序"按钮或"降序"按钮只能按一个字段进行简单排序。当排序的字段出现相同数据项时，必须按多个字段进行排序，即多重排序，多重排序一定要

	A	B	C	D	E	F	G
1	B班学生成绩表						
2	学号	姓名	语文	数学	英语	化学	物理
3	2010013	夏林虎	92	68	98	70	76
4	2010016	程雪兰	85	68	95	55	83
5	2010017	王 瑞	95	52	87	87	68
6	2010011	王兰兰	87	89	85	76	80
7	2010015	郑 爽	74	78	83	92	92
8	2010012	张 雨	57	78	79	46	85
9	2010014	韩 青	80	98	78	67	87

图 4-70 对英语成绩降序排序后的数据表

使用对话框来完成。Excel 2016 为用户提供了多级排序功能,包括主要关键字、次要关键字等,每个关键字就是一个字段,每个字段均可按"升序"(即递增方式)或"降序"(即递减方式)进行排序。

【例 4.13】 在 B 班学生成绩表中,先按数学成绩从低分到高分进行排序,若数学成绩相同,再按学号从小到大进行排序。

【操作解析】 进入例 4.13 文件夹,打开"LT4.13(素材).xlsx"文件,继续如下操作。

(1) 选定 B 班学生成绩表中的任意一个单元格。

(2) 单击"数据"|"排序和筛选"分组中的"排序"按钮打开"排序"对话框,如图 4-71 所示。

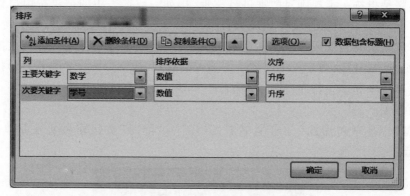

图 4-71 "排序"对话框

(3) "主要关键字"选"数学","排序依据"选"数值","次序"选"升序"。

(4) "次要关键字"选"学号","排序依据"选"数值","次序"选"升序"。

(5) 设置完成后,单击"确定"按钮关闭对话框。还可以根据自己的需要,再指定"次要关键字",本例无须再选择次要关键字。

(6) 以文件名"LT4.13(样张).xlsx"保存于例 4.13 文件夹中。

4.5.3 数据的分类汇总

数据的分类汇总是指对数据清单中的某个字段的数据进行分类,并对各类数据快速进行统计计算。Excel 提供了 11 种汇总类型,包括求和、计数、统计、最大值、最小值及平均值等,默认的汇总方式为求和。在实际工作中常常需要对一系列数据进行小计和合计,这时可以使用 Excel 提供的分类汇总功能。

需要特别指出的是，在分类汇总之前必须先对需要分类的数据项进行排序，然后再按排序字段进行分类，并分别为各类数据的数据项进行统计汇总。

【例 4.14】 对图 4-72 所示的 C 班学生成绩表分别计算男生、女生的语文、数学成绩的平均值。

图 4-72 分类汇总前的 C 班学生成绩表

【操作解析】 进入例 4.14 文件夹，打开"LT4.14（素材）.xlsx"文件，继续如下操作。

（1）首先对需要分类汇总的字段进行排序：本例中需要对"性别"字段进行排序，选择性别字段的任意一个单元格，然后单击"数据"|"排序和筛选"分组中的"升序"或"降序"按钮实现简单排序。

（2）在"数据|分级显示"分组中，如图 4-73 所示，单击"分类汇总"按钮，打开"分类汇总"对话框，如图 4-74 所示。

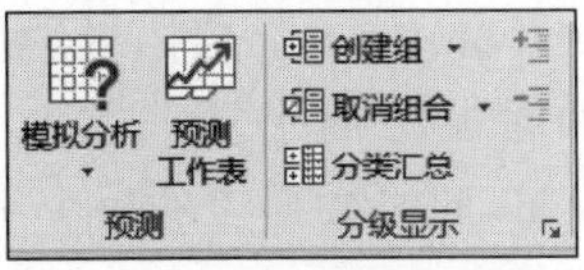

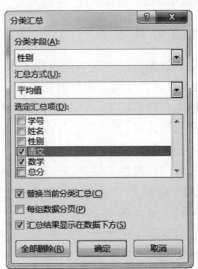

图 4-73 分级显示组　　图 4-74 "分类汇总"对话框

（3）在"分类字段"下拉列表中选择"性别"选项。

（4）在"汇总方式"下拉列表中有求和、计数、平均值、最大值、最小值等，这里选择"平均值"选项。

Excel 2016 电子表格处理软件

(5) 在"选定汇总项"列表框中勾选"语文"和"数学"复选框,取消其余默认的汇总项,如"总分"。

(6) 单击"确定"按钮关闭对话框,完成分类汇总,结果如图 4-75 所示。

	A	B	C	D	E	F
1	C班学生成绩表					
2	学号	姓名	性别	语文	数学	总分
3	2010001	张 山	男	68	84	152
4	2010003	罗 勇	男	72	69	141
5	2010005	王克明	男	63	56	119
6	2010006	李 军	男	75	74	149
7	2010009	张朝江	男	92	95	187
8			男 平均值	74	75.6	
9	2010002	李茂丽	女	95	72	167
10	2010004	岳 华	女	89	94	183
11	2010007	苏 玥	女	89	88	177
12	2010008	罗美丽	女	78	86	164
13	2010010	黄曼丽	女	95	85	180
14			女 平均值	89.2	85	
15			总计平均值	81.6	80.3	

图 4-75　按"性别"字段分类汇总的结果

(7) 以文件名"LT4.14(样张).xlsx"保存于例 4.14 文件夹中。

分类汇总的结果通常按 3 级显示,可以通过单击分级显示区上方的 3 个按钮 1、2、3 进行分级显示。

在分级显示区中还有 +、- 等分级显示符号,其中,单击 + 按钮,可将高一级展开为低一级显示;单击 - 按钮,可将低一级折叠为高一级显示。

如果要取消分类汇总,可以在"分级显示"组中再次单击"分类汇总"按钮,在打开的"分类汇总"对话框中单击"全部删除"按钮即可。

4.5.4　数据的筛选

筛选是指从数据清单中找出符合特定条件的数据记录,也就是把符合条件的记录显示出来,把其他不符合条件的记录暂时隐藏起来。Excel 2016 提供了两种筛选方法,即自动筛选和高级筛选。一般情况下,自动筛选就能够满足大部分的工作需要。但是,当需要利用复杂的条件来筛选数据时,就必须使用高级筛选。

1. 自动筛选

自动筛选给用户提供了快速访问数据清单的方法。

【例 4.15】　在 D 班学生成绩表中显示"数学"成绩排在前 3 位的记录。

【操作解析】　进入例 4.15 文件夹,打开"LT4.15(素材).xlsx"文件,继续如下操作。

(1) 选定 D 班学生成绩表中的任意一个单元格,如图 4-76 所示。

(2) 单击"数据"|"排序和筛选"分组中的"筛选"按钮,此时数据表的每个字段名旁边都显示出了下三角箭头,此为筛选器箭头,如图 4-77 所示。

(3) 单击"数学"字段名旁边的筛选器箭头,弹出下拉列表,选择"数字筛选"→"前 10 项"选项,打开"自动筛选前 10 个"对话框,如图 4-78 所示。

(4) 在"自动筛选前 10 个"对话框中指定"显示"的条件为"最大""3""项",如图 4-79 所示。

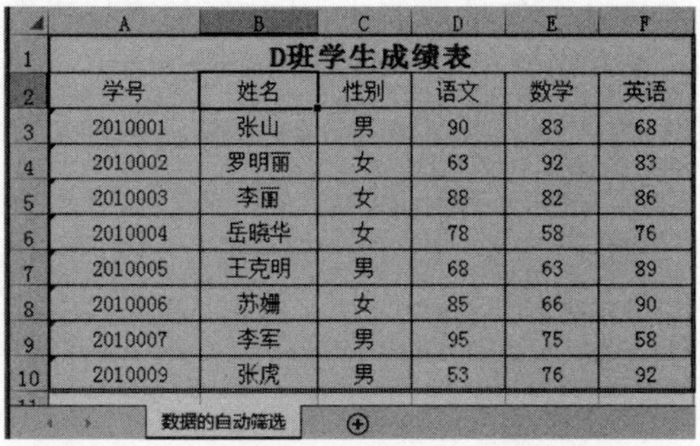

	A	B	C	D	E	F
1	D班学生成绩表					
2	学号	姓名	性别	语文	数学	英语
3	2010001	张山	男	90	83	68
4	2010002	罗明丽	女	63	92	83
5	2010003	李丽	女	88	82	86
6	2010004	岳晓华	女	78	58	76
7	2010005	王克明	男	68	63	89
8	2010006	苏姗	女	85	66	90
9	2010007	李军	男	95	75	58
10	2010009	张虎	男	53	76	92

图 4-76　D 班学生成绩表(数据清单)

	A	B	C	D	E	F
1	D班学生成绩表					
2	学号	姓名	性别	语文	数学	英语
3	2010001	张山	男	90	83	68
4	2010002	罗明丽	女	63	92	83
5	2010003	李丽	女	88	82	86
6	2010004	岳晓华	女	78	58	76
7	2010005	王克明	男	68	63	89
8	2010006	苏姗	女	85	66	90
9	2010007	李军	男	95	75	58
10	2010009	张虎	男	53	76	92

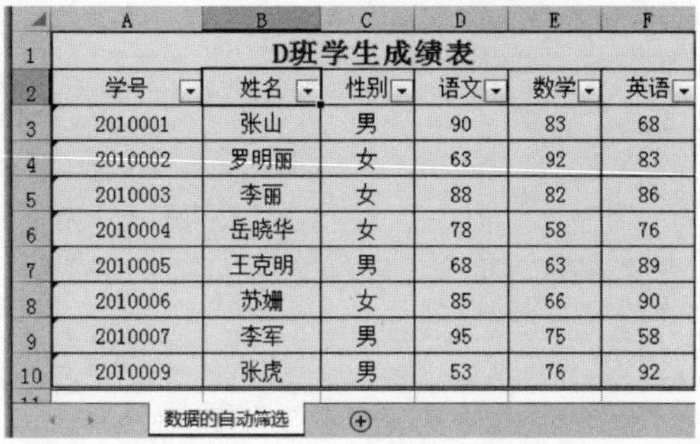

图 4-77　含有筛选器箭头的数据表

(5) 最后单击“确定”按钮关闭对话框，即数据表中会显示出数学成绩最高的 3 条记录，其他记录被暂时隐藏起来，如图 4-80 所示。

(6) 以文件名“LT4.15(样张).xlsx”保存于例 4.15 文件夹中。

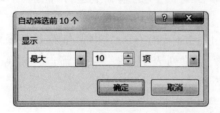

图 4-78　“自动筛选前 10 个”对话框

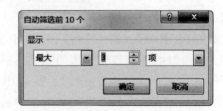

图 4-79　指定显示条件为最大 3 项

	A	B	C	D	E	F
1	D班学生成绩表					
2	学号	姓名	性别	语文	数学	英语
3	2010001	张山	男	90	83	68
4	2010002	罗明丽	女	63	92	83
5	2010003	李丽	女	88	82	86

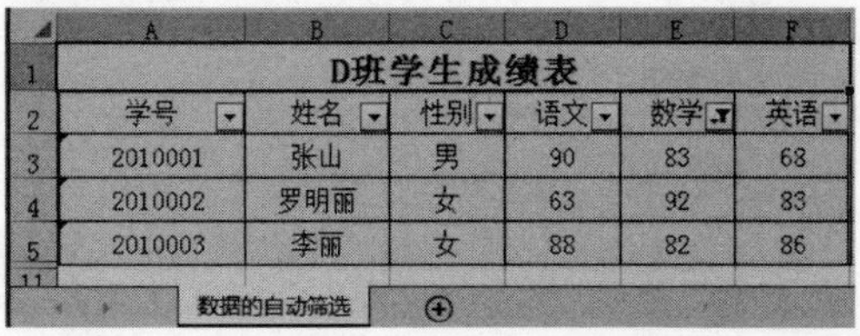

图 4-80　自动筛选数学成绩排在前 3 位的数据表

【例 4.16】　在 D 班学生成绩表中筛选出“英语”成绩大于 80 分且小于 90 分的记录。

【操作解析】　进入例 4.16 文件夹，打开“LT4.16(素材).xlsx”文件，继续如下操作。

(1) 选中 D 班学生成绩表中的任意单元格。

(2) 按例 4.15 第(2)步操作将数据表置于筛选器界面。

(3) 单击"英语"字段名旁边的筛选器箭头,从打开的下拉列表中选择"数字筛选"→"自定义筛选"选项,打开"自定义自动筛选方式"对话框,在其中一个输入条件下拉列表中选择"大于",在右边的文本框中输入"80";另一个条件选择"小于",在右边的文本框中输入"90",在两个条件之间选中"与"单选按钮,如图4-81所示。

(4) 单击"确定"按钮关闭对话框,即可筛选出英语成绩满足条件的记录,如图4-82所示。

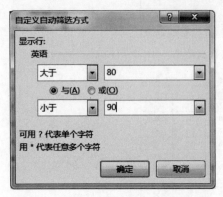

图4-81 "自定义自动筛选方式"对话框　　图4-82 自动筛选出英语成绩满足条件的记录

(5) 以文件名"LT4.16(样张).xlsx"保存于例4.16文件夹中。

【例4.17】 在D班学生成绩表中筛选出女生中"英语"成绩大于80分且小于90分的记录。

【分析】 这是一个双重筛选的问题,例4.16已经从D班学生成绩表中筛选出"英语"成绩大于80分且小于90分的记录,所以本例只需在例4.16的基础上进行"性别"字段的筛选即可。

【操作解析】 进入例4.16文件夹,打开"LT4.16(样张).xlsx"文件,继续如下操作。

(1) 单击"性别"字段名旁边的筛选器箭头,从下拉列表中选择"文本筛选"→"等于"选项,打开"自定义自动筛选方式"对话框,如图4-83所示。

(2) 在"等于"编辑框右边的文本框中输入文字"女"。

(3) 单击"确定"按钮关闭对话框,双重筛选的结果如图4-84所示。

(4) 以文件名"LT4.17(样张).xlsx"保存于例4.17文件夹中。

图4-83 文本筛选　　图4-84 经过双重筛选的数据

【说明】 如果要取消自动筛选功能,只需在"数据"选项卡的"排序和筛选"组中再次单击"筛选"按钮,数据表中字段名右边的箭头按钮就会消失,数据表被还原。

2. 高级筛选

下面通过实例来进行说明。

【例 4.18】 在 D 班学生成绩表中筛选出语文成绩大于 80 分的男生的记录。

【分析】 要将符合两个及两个以上字段的条件的数据筛选出来,倘若使用自动筛选来完成,需要对"语文"和"性别"两个字段分别进行筛选,即双重筛选,在此不再阐述。

如果使用高级筛选的方法来完成,则必须在工作表的一个区域设置条件,即条件区域。两个条件的逻辑关系有"与"和"或",在条件区域,"与"和"或"的关系表达式是不同的,其表达方式如下。

(1)"与"条件将两个条件放在同一行,表示的是语文成绩大于 80 分的男生,如图 4-85 所示。

(2)"或"条件将两个条件放在不同行,表示的是语文成绩大于 80 分或者是男生,图 4-86 所示。

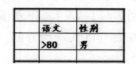
图 4-85 "与"条件排列图

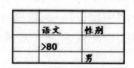
图 4-86 "或"条件排列图

【操作解析】 进入例 4.18 文件夹,打开"LT4.18(素材).xlsx"文件,继续如下操作。

(1)输入条件区域。打开 D 班学生成绩表,在 B12 单元格中输入"语文",在 C12 单元格中输入"性别",在 B13 单元格中输入">80",在 C13 单元格中输入"男"。

(2)在工作表中选中 A2:F10 单元格区域或其中的任意一个单元格。

(3)单击"数据"|"排序和筛选"分组中的"高级"按钮,打开"高级筛选"对话框,如图 4-87 所示。

(4)在对话框的"方式"选项组中选中"将筛选结果复制到其他位置"单选按钮。

图 4-87 "高级筛选"对话框

(5)选择列表区域。如果列表区为空白,可单击"列表区域"编辑框右边的拾取按钮,然后用鼠标从列表区域的 A2 单元格拖曳到 F10 单元格,输入框中出现"$A$2:$F$10"。

(6)选择条件区域。单击"条件区域"编辑框右边的拾取按钮,然后用鼠标从条件区域的 B12 单元格拖曳到 C13 单元格,输入框中出现"$B$12:$C$13"。

(7)单击"复制到"编辑框右边的拾取按钮,然后选择筛选结果区域的第一个单元格 A14。

(8)单击"确定"按钮关闭对话框,筛选结果如图 4-88 所示。

(9)以文件名"LT4.18(样张).xlsx"保存于例 4.18 文件夹中。

	A	B	C	D	E	F
1	D班学生成绩表					
2	学号	姓名	性别	语文	数学	英语
3	2010001	张山	男	90	83	68
4	2010002	罗明丽	女	63	92	83
5	2010003	李丽	女	88	82	86
6	2010004	岳晓华	女	78	58	76
7	2010005	王克明	男	68	63	89
8	2010006	苏姗	女	85	66	90
9	2010007	李军	男	95	75	58
10	2010009	张虎	男	53	76	92
11						
12		语文	性别			
13		>80	男			
14	学号	姓名	性别	语文	数学	英语
15	2010001	张山	男	90	83	68
16	2010007	李军	男	95	75	58
17						

高级筛选

图 4-88　高级筛选结果

4.5.5　数据透视表

数据透视表是比分类汇总更为灵活的一种数据统计和分析方法,它可以同时灵活地变换多个需要统计的字段,对一组数值进行统计分析,统计可以是求和、计数、最大值、最小值、平均值、数值计数、标准偏差及方差等。利用数据透视表可以从不同方面对数据进行分类汇总。

下面通过实例来说明如何创建数据透视表。

【例 4.19】 对图 4-89 所示的“商品销售表”内的数据建立数据透视表,按行为“商品名”、列为“产地”、数据为“数量”进行求和布局,并置于现有工作表的 H2:M7 单元格区域。

	A	B	C	D	E	F
1	商品销售表					
2	产地	商品名	型号	单价	数量	金额
3	重庆	微波炉	WD800B	2900	400	1160000
4	天津	洗衣机	XQB30-3	4500	250	1125000
5	南京	空调机	KF-50LW	5600	200	1120000
6	杭州	微波炉	WD900B	2400	700	1680000
7	重庆	洗衣机	XQB80-9	3200	350	1120000
8	重庆	空调机	KFR-62LW	6000	400	240000
9	南京	空调机	KF-50LE	4500	500	2250000
10	天津	微波炉	WD800B	2800	600	1680000
11						

商品销售表

图 4-89　商品销售表

【操作解析】 进入例 4.19 文件夹,打开“LT4.19(素材).xlsx”文件,继续如下操作。

(1) 选定产品销售表 A2:F10 区域中的任意一个单元格。

(2) 单击“插入”|“表格”分组中的“数据透视表”按钮,打开“来自表格或区域的数据透视表”对话框,如图 4-90 所示。

(3) 在“选择表格或区域”栏中的“表/区域”框中选中 A2:F10 单元格区域;在“选择放置数据透视表的位置”选项组中选中“现有工作表”单选按钮,在“位置”编辑框中选中 H2:M7 单元格区域,如图 4-91 所示。

(4) 单击“确定”按钮关闭对话框,打开“数据透视表字段”任务窗格,拖曳“商品名”到“行标签”文本框,拖曳“产地”到“列标签”文本框,拖曳“数量”到“值”文本框,如图 4-92 所示。

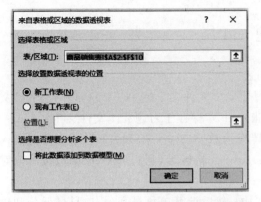 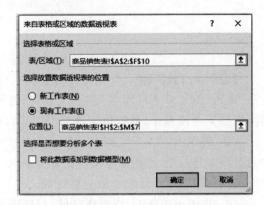

图 4-90 "来自表格或区域的数据透视表"对话框 1　　图 4-91 "来自表格或区域的数据透视表"对话框 2

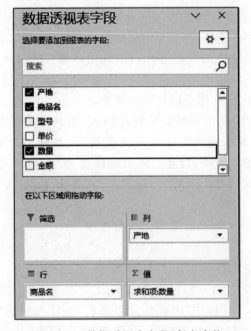

图 4-92 "数据透视表字段"任务窗格

(5) 单击"数据透视表字段"任务窗格的关闭按钮,数据透视表创建完成,效果如图 4-93 所示。

(6) 以文件名"LT4.19(样张).xlsx"保存于例 4.19 文件夹中。

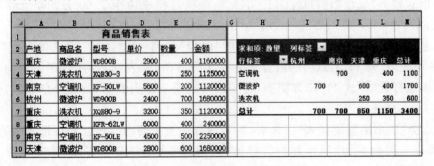

图 4-93 商品销售的数据透视表

习 题 4

【习题 4.1】(实验 4.1) 数据计算与创建图表

进入"第 4 章素材库\习题 4"文件夹,打开习题 4.1 文件夹下的"XT4.1(素材).xlsx"文件,按如下要求操作,最后以文件名"XT4.1(样张).xlsx"保存于习题 4.1 文件夹中。

(1) 将 A3:A10 单元格区域所显示的学号转换为数字文本;在 I2、J2 单元格分别输入"总分"和"排位";计算每个学生的总分填入 I3:I10 单元格区域,利用 RANK 函数按总分对学生进行排位填入 J3:J10 单元格区域。

(2) 选中 A11:C13 单元格区域,设置跨列居中;然后计算单科最高分、单科最低分和单科平均分,分别将其填入 D11:H11、D12:H12、D13:H13 单元格区域,计算平均分时保留两位小数;合并 I11:J13 单元格区域并加斜线表头线。

(3) 合并 A1:J1 单元格区域,使其文字居中显示,字体为华文仿宋、18 磅、标准色红色;选中 A2:J13 单元格区域,字体为深蓝色、16 磅,外边框为双线、深红色,内框线为黑色虚线。

(4) 设置单科成绩不及格的单元格,以浅红填充色、深红色文本显示;成绩为优(>=90)的单元格,其字体呈紫色、加粗并以浅绿色填充。

(5) 创建张山等 8 位同学的三维簇状柱形图表,将其拖曳至 L2:R12 单元格区域;设置图表标题为"C 班学生成绩图表",字体为华文行楷、加粗、18 磅、紫色;图例显示于右侧,字体为华文新魏、加粗、12 磅、紫色;图表区设置为"纹理填充"中的"花束"填充。设计样例可进入新形态资源库中,打开"习题 4.1"文件夹下的"XT4.1(样张).xlsx"文件查看。

【习题 4.2】(实验 4.2) 数据的基本分析与处理

打开习题 4.2 文件夹下的"XT4.2(素材).xlsx"文件,按如下要求操作,最后以文件名"XT4.2(样张).xlsx"保存于习题 4.2 文件夹中。

(1) 选取 Sheet1 工作表,将 A1:E1 单元格合并为一个单元格,文字居中对齐。利用 VLOOKUP 函数,依据本工作簿中"课程学分对照表"工作表中的信息填写 Sheet1 工作表中"学分"列(C3:C110 单元格区域)的内容,利用 IF 函数给出"备注"列(E3:E110 单元格区域)的内容,备注内容依据 G4:H6 单元格区域的信息填写;利用 COUNTIF 函数计算每门课程(以课程号标识)选课人数置于 H14:H17 单元格区域;利用 AVERAGEIF 函数计算各门课程(以课程号标识)平均成绩置于 I14:I17 单元格区域(数值型,保留小数点后 1 位)。利用条件格式修饰"成绩"列(D3:D110 单元格区域),将成绩小于 60 分的单元格设置为浅红色填充,将 G13:I17 单元格区域设置为"表样式中等深浅 6"。

(2) 选取 Sheet1 工作表内"统计表"下的"课程号"列(G13:G17)、"选课人数"列(H13:H17)、"平均成绩"列(I13:I17)的内容建立簇状柱形图,图表标题为"选课人数与成绩统计图",利用图表样式"样式 11"修饰图表,将图插入当前工作表的 G19:K33 单元格区域,将工作表命名为"成绩统计表"。

(3) 选择"图书销售统计表"工作表,对其内数据清单的内容建立数据透视表,按行标签为"图书类别",列标签为"经销部门",数值为"销售额(元)"求和布局,并置于现工作表的 I5:N11 单元格区域。

【习题 4.3】（实验 4.3） 数据的综合分析与处理

打开习题 4.3 文件夹下的"XT4.3（素材）.xlsx"文件，按照下列要求完成对此表格的操作，并以文件名"XT4.3（样张）.xlsx"保存于习题 4.3 文件夹中。

（1）选择"每日门店销售"工作表，在第一列数据前插入 2 列，在 A1 和 B1 单元格中分别输入文字"年份"和"月份"，利用"日期"列的数值和 TEXT 函数，计算出"年份"列的内容（将年显示为 4 位数字）和"月份"列的内容（将月显示为不带前导零的数字）。利用 IF 函数给出"业绩表现"列的内容：如果收入大于 500，在相应单元格内填入"业绩优"；如果收入大于 300，在相应单元格内填入"业绩良好"；如果收入大于 200，在相应单元格内填入"业绩合格"；否则在相应单元格内填入"业绩差"。利用条件格式修饰 N2:N128 单元格区域，将"业绩差"的单元格设置为浅红色填充。

（2）选取"按年统计"工作表，利用"每日门店销售"工作表"收入"列的数值和 SUMIF 函数计算出工作表中 C3 和 C4 单元格的数值（货币型，保留小数点后 2 位）。利用"年份"和"销售统计"列（B2:C4）的内容建立簇状柱形图，图表无标题，设置纵坐标标题为"年收入"，显示数据标签。将图表插入工作表的 A7:F22 单元格区域。

（3）选择"销售清单"工作表，对工作表内数据清单的内容按主要关键字"类别"的降序和次要关键字"销售额"的升序进行排序；对排序后的数据进行筛选，条件为 A1 销售员销售出去的空调和冰箱。

第 5 章　PowerPoint 2016 演示文稿制作软件

PowerPoint 2016 是微软公司 Office 办公软件的重要成员之一，是目前主流的一款演示文稿制作软件。它能将文本与图形图像、音频及视频等多媒体信息有机结合，将演说者的思想意图生动、明快地展现出来。PowerPoint 2016 不仅功能强大，而且易学易用、兼容性好、应用面广，是多媒体教学、演说答辩、会议报告、广告宣传及商务洽谈最有力的辅助工具。

学习目标
- 熟悉 PowerPoint 2016 的窗口界面。
- 熟悉创建、编辑、放映演示文稿的方法。
- 掌握设计动画效果、幻灯片切换效果和设置超链接的方法。
- 学会套用设计模板、使用主题和母版。

5.1　演示文稿制作软件概述

本节主要介绍 PowerPoint 2016 的窗口界面、文档视图，以及创建和保存演示文稿的方法。

5.1.1　PowerPoint 2016 窗口界面和文档视图

1. 认识 PowerPoint 2016 窗口界面

首先，通过一个简单的例子来认识 PowerPoint 2016 窗口界面，理解几个基本概念，并掌握其基本使用方法。

【例 5.1】　北京是我国的首都，是世界著名古都和现代化国际大都市，有着丰富的旅游资源。请制作一个宣传北京几个主要旅游景点的演示文稿，如图 5-1 所示。

从图 5-1 中可以看到，演示文稿窗口界面与 Word 相似，有快速访问工具栏、选项卡、功能区等，但 PowerPoint 还有以下基本概念，在此做简要介绍。

(1) 幻灯片缩略图/大纲窗格，位于窗口左侧，在普通视图下为幻灯片缩略图窗格，用于显示所有幻灯片的缩略图；在大纲视图下为大纲窗格，以简要的文本显示演示文稿的全部内容。

(2) 幻灯片内容编辑窗格，又称工作区，位于窗口正中央的区域，用于编辑和显示当前在幻灯片缩略图窗格中所选中的幻灯片。

(3) 备注窗格，位于幻灯片内容编辑窗格正下方，用于为幻灯片添加备注，是对幻灯片的说明和注释，在放映幻灯片时不显示备注。

(4) 视图按钮，位于窗口工作区右下角，包括"普通视图""幻灯片浏览""阅读视图"3 个视图按钮和 1 个"幻灯片放映"按钮。单击 3 个视图按钮之一，将演示文稿置于相应视图模

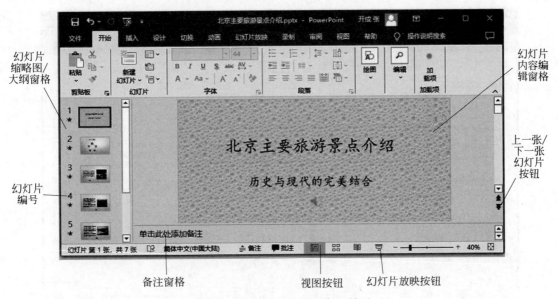

图 5-1　PowerPoint 2016 窗口界面

式；单击"幻灯片放映"按钮，从当前选中的幻灯片开始放映。

（5）上一张/下一张幻灯片按钮，用于快速切换到上一张/下一张幻灯片。

（6）标题栏，用于显示演示文稿的文件名，其扩展名为".pptx"。

2．文档视图

PowerPoint 2016 提供了多种视图模式来满足不同的需要。单击"视图"|"演示文稿视图"分组中的各命令按钮可实现视图切换，如图 5-2 所示。

（1）普通。

普通视图是系统默认的视图模式，用户可以在普通视图模式下新建、编辑幻灯片。

图 5-2　"演示文稿视图"功能组

普通视图将工作窗口分为左右两个窗格：左边窗格为幻灯片缩略图窗格，用于显示演示文稿中所有幻灯片的缩略图，可以方便地快速定位、编辑幻灯片；右边窗格为幻灯片内容编辑窗格，用于输入和编辑每张幻灯片的内容和格式，如图 5-1 所示。

（2）大纲视图。

在大纲视图中，用户可以在左侧窗格中输入和查看演示文稿要介绍的主题，便于快速地查看和管理整个演示文稿的设计思路。

（3）幻灯片浏览。

该视图以缩略图的形式显示演示文稿中的所有幻灯片，如图 5-3 所示。在该视图下对幻灯片进行操作时，是以整张幻灯片为单位，具体的操作有复制、删除、移动、隐藏及幻灯片效果切换等。

（4）备注页。

备注页视图只是为了给演示文稿中的幻灯片添加备注信息。

（5）阅读视图。

阅读视图用于查看适应窗口大小的幻灯片放映，同时也可看到动画、超链接等效果。

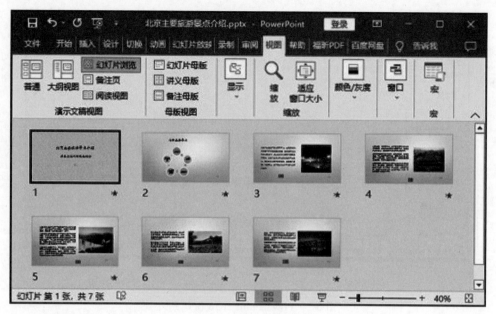

图 5-3 幻灯片浏览视图

(6) 幻灯片放映。

幻灯片放映不属于演示文稿视图模式之一,但很常用。要观看幻灯片的制作效果必须对幻灯片进行放映,观看动画、超链接等。按 Esc 键可退出幻灯片放映,切换到普通视图。

5.1.2 创建和保存演示文稿

1. 创建演示文稿

演示文稿是由若干张幻灯片组成的,每张幻灯片中可插入文本、图片、声音和视频等,还可以超链接到不同的文档和幻灯片,所以又称多媒体演示文稿。

在 PowerPoint 2016 窗口中,单击"文件"按钮选择"新建"命令,如图 5-4 所示。常用的新建演示文稿的方式主要有空白演示文稿、模板、主题等,还可搜索联机模板和主题。

(1) 创建空白演示文稿。

启动 PowerPoint 2016 程序,系统默认创建了名为"演示文稿 1"的空白演示文稿。此文稿除了占位符的布局格式,是一个没有任何内容的空白幻灯片,此时可设计个性化的演示文稿,但比较费时。

通常新建演示文稿时先选择"空白演示文稿",输入文稿内容,然后在美化阶段选用某个喜欢的模板或主题,快速修饰演示文稿。

(2) 利用模板或主题创建演示文稿。

PowerPoint 2016 为用户提供了模板功能,根据已有模板或主题来创建演示文稿,能自动、快速地形成每张幻灯片的外观,而且风格统一、色彩搭配合理、美观大方,能大大提高制作效率。PowerPoint 2016 提供了内置的模板,也可以联机搜索所需的模板或主题。

模板是系统提供的文档样式,包含图片、动画等背景元素,不同的模板具有不同的样式,在选择模板后直接输入内容就可快速建立演示文稿。

主题是为已经设计好的演示文稿更换颜色、背景等统一的格式。

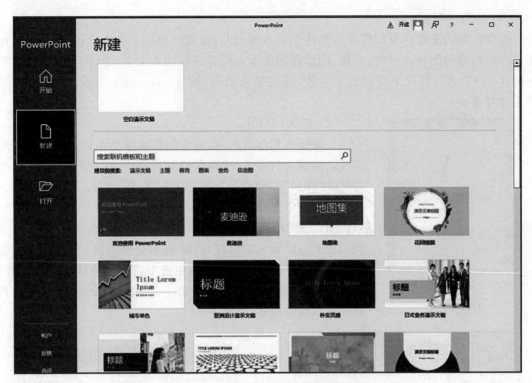

图 5-4 选择"文件"按钮的"新建"命令

2. 保存演示文稿

对于已经创建好的演示文稿,在保存时如果不另选保存类型,PowerPoint 2016 默认保存为扩展名为".pptx"的文件;也可另存为扩展名为".ppt"的文件,以便在 PowerPoint 2003 及以下版本中使用。

如果保存为扩展名为".potx"的文件,则表示该文件为模板;还可以保存为扩展名为".ppsx"的幻灯片放映格式的文件。

5.2 编辑演示文稿

编辑演示文稿包括以下操作。
(1) 编辑幻灯片:对演示文稿中的幻灯片进行插入、移动、复制和删除等操作。
(2) 在幻灯片中插入多媒体对象:对每张幻灯片中的对象进行插入、编辑等操作。

5.2.1 编辑幻灯片

编辑幻灯片的操作是在普通视图下的左侧幻灯片缩略图窗格中或者是在幻灯片浏览视图下进行的,但一般选择在幻灯片缩略图窗格中进行幻灯片的编辑操作。

1. 插入幻灯片

新建的演示文稿默认只有一张标题幻灯片,根据任务需要,要增加更多张幻灯片,可以通过单击"开始"|"幻灯片"分组中的"新建幻灯片"下拉按钮来实现。

(1) 幻灯片版式。

幻灯片版式是指一张幻灯片的整体布局方式，即占位符的布局。占位符包括标题、副标题、文本、内容和图片占位符，标题、副标题和文本占位符只能插入文本；图片占位符只能插入图片；内容占位符除了可插入文本外，还可插入表格、图片、SmartArt 图形、图表和视频等多种对象。

(2) 插入幻灯片。

一般插入幻灯片时，应先在幻灯片缩略图窗格中的某张幻灯片之前或之后单击，定位新幻灯片插入点，如图 5-5 所示，然后单击"开始"|"幻灯片"分组中的"新建幻灯片"下拉按钮，在其下拉列表中选择所需版式的幻灯片插入，如图 5-6 所示。

(3) 修改幻灯片的版式。

对于已经插入的幻灯片，如果需要修改其版式，操作方法是：首先在幻灯片缩略图窗格中选中需要修改版式的幻灯片，然后单击"开始"|"幻灯片"分组中的"版式"按钮，在其下拉列表中选择所需版式，如图 5-7 所示。

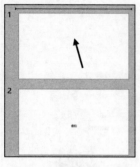

图 5-5　定位在第 1 张幻灯片之前

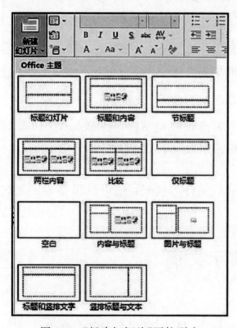

图 5-6　"新建幻灯片"下拉列表

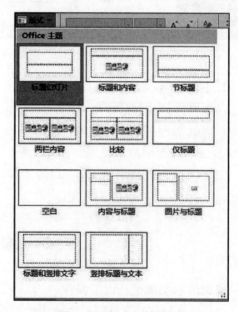

图 5-7　"版式"下拉列表

2. 移动、复制和删除幻灯片

在进行幻灯片编辑操作时，首先在幻灯片缩略图窗格中选中待操作的幻灯片，选中的幻灯片呈红色边框显示，最快捷的方法是按住鼠标左键拖曳幻灯片到目标位置是移动，按住 Ctrl 键并拖曳是复制，按 Delete 键是删除。当然，也可以使用"开始"|"剪贴板"分组中的"剪切""复制""粘贴"3 个按钮来完成复制与移动操作。

下面就幻灯片快捷菜单中的几个选项（如图 5-8 所示）进行说明。

(1) 新建幻灯片：在当前幻灯片后插入 1 张和当前幻灯片版式相同的幻灯片。

(2) 复制幻灯片：在当前幻灯片后复制 1 张和当前幻灯片版式内容完全相同的幻灯片。

(3) 删除幻灯片：将当前幻灯片删除。

(4) 复制：将当前幻灯片传送至剪贴板，待选择目标位置后再选择粘贴命令实现复制。

(5) 剪切：将当前幻灯片传送至剪贴板，待选择目标位置后再选择粘贴命令实现移动。

【例 5.2】 按照例 5.1，如图 5-3 所示样例（幻灯片浏览视图），设计制作宣传北京主要旅游景点的演示文稿。

【分析】 按照样例，此演示文稿应包含 7 张幻灯片，封面为标题幻灯片，第 2 张幻灯片为"标题和内容"幻灯片，第 3 至第 7 张幻灯片为"图片与标题"版式的幻灯片。

图 5-8 幻灯片快捷菜单

【操作解析】 根据分析，应按如下步骤操作。

(1) 启动 PowerPoint 2016 应用程序，新建空白演示文稿（已默认插入一张标题幻灯片）。

(2) 单击"开始"|"幻灯片"分组中的"新建幻灯片"下拉按钮，从其下拉列表中选择"标题和内容"版式的幻灯片。

(3) 仿照第(2)步操作插入"图片与标题"幻灯片。

(4) 续第(3)步操作复制 4 张"图片与标题"幻灯片。

(5) 单击"快速访问工具栏"上的"保存"按钮，在打开的"另存为"界面中找到并双击习题 5.2 文件夹，打开"另存为"对话框，然后在"文件名"文本框中输入文件名"LT5.2（样张）"，在保存类型下拉列表中选择"PowerPoint 演示文稿（*.pptx）"，单击"保存"按钮。

5.2.2 在幻灯片中插入多媒体对象

在幻灯片中可以插入的对象包括文本、图片、表格、音频、视频和超链接等对象。

1. 输入文本

PowerPoint 不能在幻灯片中的非文本区输入文字，可以将光标移动到幻灯片的不同区域，观察光标的形状，当光标呈"I"字形时输入文字才有效。在幻灯片中可以采取如下 4 种方法实现文字输入。

(1) 在设定了非空白版式的幻灯片中，单击标题、副标题、文本或内容占位符，均可输入文字。

(2) 在幻灯片中插入"文本框"，然后在文本框中输入文字。

(3) 在幻灯片中添加"形状"图形，然后在其中添加文字。

(4) 在幻灯片中插入艺术字。

2. 插入 SmartArt 图形和图片

演示文稿的 SmartArt 图形功能和 Word 类似，可以方便地插入具有特色的各种插图，这些插图揭示了文本内容之间的时间关系、逻辑关系或者层次关系，有助于观众直观地理解、深刻地记忆相关内容。

演示文稿中也可插入图片,实现图文并茂。

3. 插入音频文件

为了能在放映幻灯片的同时播放背景音乐,可单击"插入"|"媒体"分组中的"音频"按钮,在其下拉列表中选择所需的音频文件。成功插入音频文件后,在幻灯片中心位置会显示一个音频插入标记◀;同时,在放映幻灯片时就可听到音乐效果。如果要在放映幻灯片的全程听到音乐,还要进行相应的设置。

4. 插入视频文件

在幻灯片中插入视频文件的方法与插入音频的方法类似,单击"插入"|"媒体"分组中的"视频"按钮,在其下拉列表中选择所需的视频文件插入即可。

5. 插入超链接

可在幻灯片中添加超链接,从而实现不连续幻灯片之间的快速跳转,或者不同类型文件之间的跳转,或者跳转到某个网站或邮件地址等。

"插入"|"链接"分组中提供了"链接"和"动作"两个按钮,用于实现超链接。

在 PowerPoint 2016 中插入超链接,常采用如下两种方法。

(1) 以文档中的任意对象(文本、图形等)作为超链接对象建立超链接。

其实现方法是:先选中幻灯片中的任意对象(文本、图形等),再单击"插入"|"链接"分组中的"链接"或"动作"按钮,分别打开"插入超链接"或"动作设置"对话框,然后在对话框中选择链接(跳转)到的目标位置。

【说明】 选择"链接"和"动作"按钮设置超链接的过程略有差异,而且选择文本作为超链接,超链接成功时文本会出现下画线。

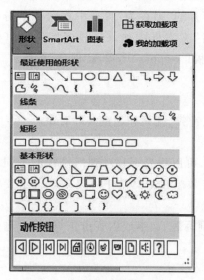

图 5-9 "形状"按钮下拉列表

(2) 以动作按钮作为超链接对象建立超链接。

其实现方法是:单击"插入"|"插图"分组中的"形状"按钮,在其下拉列表中选中"动作按钮"组中的某个动作按钮,如图 5-9 所示,光标变成"+"形状,在幻灯片中的任意位置拖曳鼠标画一形状,会弹出"操作设置"对话框,在对话框中选择链接(跳转)到的目标位置。

这组动作按钮是预先设置好的带有特定动作的图形按钮,包括"后退或前一项""前进或下一项""转到开头""转到结尾""转到主页"等。

这两种插入超链接的方法常常用在不同的地方,但超链接的效果是一样的。例如当选择文本作为超链接对象时,单击文本跳转至某张幻灯片,返回时经常需要使用动作按钮作为超链接对象设置超链接过程。

6. 插入页眉和页脚

页眉和页脚包含文本、幻灯片编号及日期,它们默认出现在幻灯片的底端。如果希望每张幻灯片都有日期、作者(文本)、幻灯片编号等信息,可通过单击"插入"|"文本"分组中的"页眉和页脚"按钮,打开其对话框后进行设置。

【例 5.3】 在例 5.2 设计的基础上,继续按样例进行操作。(制作演示文稿的全部素材均放置在例 5.3 文件夹中)

【操作解析】 打开例 5.2 文件夹中的"LT5.2(样张).pptx"文件,继续如下操作。

进入例 5.3 文件夹,打开"北京主要旅游景点介绍-文字.docx"文件,按照文件中的提示要求,给每张幻灯片输入(复制)文本,插入音频、图片文件和 SmartArt 图形。

(1) 给第 1 张幻灯片输入文字,插入音频并设置音频选项。

① 在左侧缩略图窗格中选中第 1 张幻灯片,在右侧幻灯片内容编辑窗格的标题和副标题占位符处输入文字,占位符如图 5-10 所示。

② 插入音频:单击"插入"|"媒体"分组中的"音频"按钮,在其下拉列表中选择"PC 机上的音频"命令,打开"插入音频"对话框,找到并选中"北京欢迎您.mp3"音频文件,单击"插入"按钮即可插入音频文件。成功插入音频文件后,在幻灯片中心位置会显示一个音频插入标记,如图 5-11 所示。

图 5-10 占位符

图 5-11 插入音频文件后的效果

③ 选中音频插入标记,在弹出的"音频工具-播放"|"音频选项"分组中选中"跨幻灯片播放""播放完毕返回开头""循环播放,直到停止"复选框,以保证音频跨幻灯片、全程播放,如图 5-12 所示。

(2) 给第 2 张幻灯片输入(复制)文字并绘制 SmartArt 图形和插入超链接。

① 在左侧缩略图窗格中选中第 2 张幻灯片,在右侧幻灯片内容编辑窗格的标题占位符处输入文字。

② 在"内容"占位符处单击"插入 SmartArt 图形"按钮,如图 5-13 所示,打开"选择 SmartArt 图形"对话框,在对话框左侧列表中选择"循环"选项,在右侧图标框中选择"基本循环"图标,单击"确定"按钮,如图 5-14 所示。

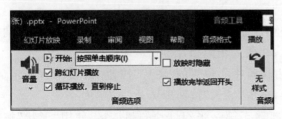

图 5-12 设置音频选项

图 5-13 单击"插入 SmartArt 图形"按钮

③ 将文字分别输入 5 个形状中,并选中形状,在弹出的"SmartArt 工具-SmartArt 设计"|"SmartArt 样式"分组中,单击"更改颜色"按钮,在其下拉列表中选择"彩色轮廓-个性色 2"选项,如图 5-15 所示,设计效果如图 5-16 所示。

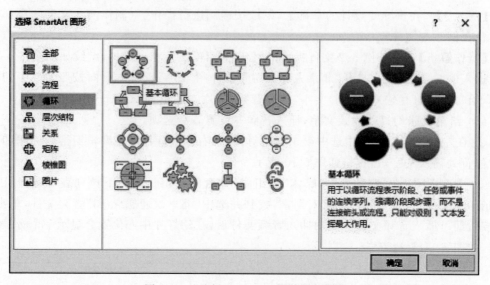

图 5-14 "选择 SmartArt 图形"对话框

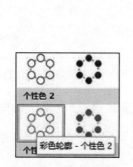

图 5-15 更改形状颜色

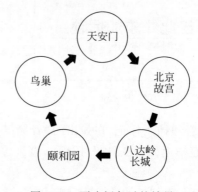

图 5-16 更改颜色后的效果

④ 插入超链接,其实现的效果是单击 5 个形状中的文字就会跳转到相应的幻灯片。选中"天安门"文字,单击"插入"|"链接"分组中的"链接"按钮,打开"编辑超链接"对话框,在左侧的"链接到"栏选择"本文档中的位置"选项,在中部"请选择文档中的位置"框选择"3.幻灯片 3",单击"确定"按钮,如图 5-17 所示,"天安门"文字出现下画线,表示超链接成功。仿照此方法为其他 4 组文字设置超链接。

(3) 在文档窗口左侧的缩略图窗格中分别选中第 3、4、5、6、7 张幻灯片,在右侧的幻灯片内容编辑窗格中分别输入(复制)文本,并插入相应图片。

插入图片文件的操作是,单击图片占位符中心位置的"图片"按钮,如图 5-18 所示,在打开的"插入图片"对话框中找到图片文件,单击"插入"按钮即可。

(4) 设计从第 3、4、5、6、7 张幻灯片跳转至第 2 张幻灯片的超链接,使用"形状"按钮下拉列表中的"动作按钮"进行设置。

① 任选一张幻灯片(在第 3、4、5、6、7 张幻灯片中),例如选择第 3 张幻灯片。

② 单击"插入"|"插图"分组中的"形状"按钮,在其下拉列表中单击"动作按钮"组中的第 1 个"后退或前一项"动作按钮,如图 5-19 所示。光标变成"+"形状,在第 3 张幻灯片右

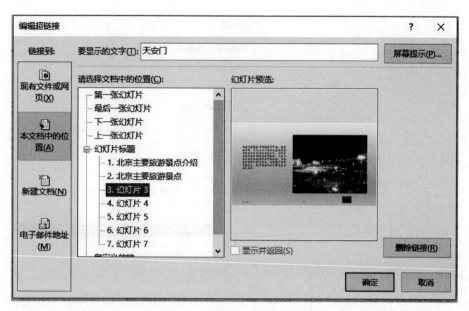

图 5-17 "编辑超链接"对话框

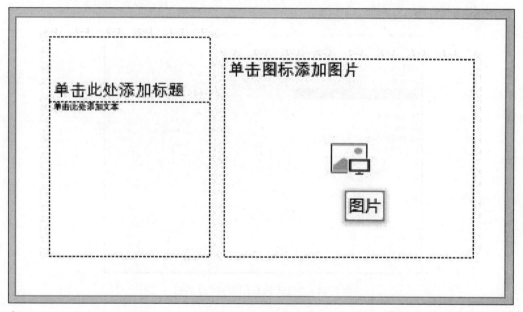

图 5-18 "图片"按钮

下角的适当位置拖曳鼠标绘制一个形状,同时弹出"操作设置"对话框,在"超链接到"下拉列表中选择"幻灯片"选项,如图 5-20 所示。单击"确定"按钮,打开"超链接到幻灯片"对话框,在"幻灯片标题"栏选择"2. 北京主要旅游景点"选项,如图 5-21 所示,然后单击"确定"按钮。

③ 将此按钮分别复制到第 4、5、6、7 张幻灯片右下角的适当位置。

④ 放映一遍体验一下效果。放映结果达到预期效果。

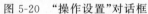

图 5-19 动作按钮组

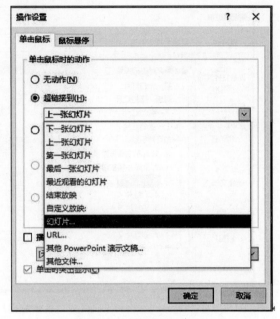

图 5-20 "操作设置"对话框

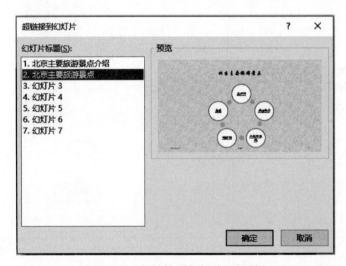

图 5-21 "超链接到幻灯片"对话框

(5) 插入页眉和页脚。

单击"插入"|"文本"分组中的"页眉和页脚"按钮,打开"页眉和页脚"对话框,选中"日期和时间"复选框和"自动更新"单选按钮,同时选中"幻灯片编号""页脚""标题幻灯片中不显示"复选框,在"页脚"下的文本框中输入作者名字,最后单击"全部应用"按钮,如图 5-22 所示。

(6) 单击"文件"|"另存为"命令,在"另存为"界面中以文件名"LT5.3(样张).pptx"保存于例 5.3 文件夹中。

【提示】 复制动作按钮不仅复制了形状按钮本身,也复制了它的超链接。演示文稿中整个超链接的效果是:单击第 2 张幻灯片中 5 个形状之一的文字即可跳转至相应的幻灯

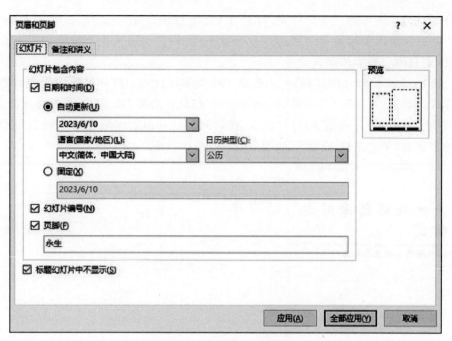

图 5-22 "页眉和页脚"对话框

片,单击第 3 至第 7 张幻灯片中的动作按钮可返回到第 2 张幻灯片。实现了正确的跳转,达到预期效果。

5.3 美化演示文稿

要想制作一份完美的演示文稿,除了需要好的创意和素材,还需要专业的外观。一份好的演示文稿应该具有一致的外观风格,这样才能产生良好的效果。

在设置演示文稿的外观时,常使用母版和主题。

5.3.1 使用幻灯片母版

幻灯片母版是幻灯片层次结构中的顶级幻灯片,它存储着有关演示文稿的主题和幻灯片版式的所有信息,包括背景、颜色、字体、效果、占位符大小和位置等。

使用母版可以方便地进行全局修改,并使更改后的样式应用到演示文稿的所有幻灯片中。可以通过"母版"功能设计一张通用的"幻灯片母版",来修改演示文稿中多张幻灯片的字体样式。此外,演示文稿还提供了讲义母版、备注母版等功能,由于并不常用,在此不做介绍。

通常需要对幻灯片母版进行以下设置。

(1) 选择演示文稿中对应的幻灯片版式进行标题、副标题及文本字体样式的设置。

(2) 插入需要显示在多张幻灯片上的文字、徽标等。

(3) 更改占位符的大小、格式和位置。

【例 5.4】 在例 5.3 的设计基础上,应用"幻灯片母版"功能对演示文稿中的标题、副标题和文本分别设置字体为"华文行楷 32 磅""华文楷体 24 磅""华文新魏 18 磅"。

【操作解析】 进入例5.3文件夹,打开"LT5.3(样张).pptx"文件,继续如下操作。

(1) 由于本演示文稿第1、2张幻灯片版式不同,可在普通视图下按题目要求直接修改标题、副标题和内容的字体样式。

(2) 第3~7张幻灯片版式相同,为提高工作效率可使用幻灯片母版功能同时修改它们的字体样式。单击"视图"|"母版视图"分组中的"幻灯片母版"按钮,打开母版设置界面,在左边窗格中选择"图片与标题"幻灯片版式,在右侧幻灯片内容编辑窗格中设置母版文本占位符中的字体为"华文新魏18磅",如图5-23所示。

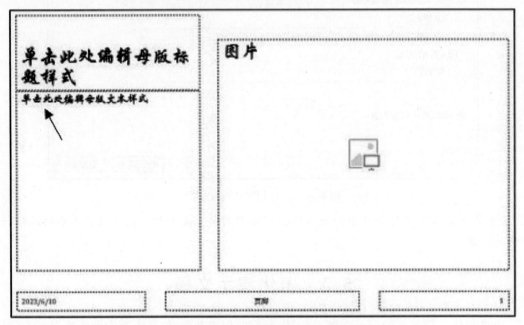

图 5-23　设置幻灯片母版文本占位符中的字体

(3) 关闭母版视图,返回普通视图。可以看到演示文稿第3~7张幻灯片的文本占位符中的文字字体均被修改为"华文新魏18磅"。

(4) 单击"文件"|"另存为"命令,在"另存为"界面中以文件名"LT5.4(样张).pptx"保存于例5.4文件夹中。

5.3.2　使用主题

主题是幻灯片的界面设计方案,是一套包含插入各种对象、颜色和背景、字体样式和占位符等的设计方案。PowerPoint 2016中预设了多种主题样式,用户可根据需要选择所需的主题样式,这样可以轻松快捷地更改演示文稿的外观。

通过设置幻灯片的主题,可以快速更改整份演示文稿的外观,而不会影响内容,就像QQ空间的"换肤"功能一样。

单击"设计"|"主题"分组中的"主题"按钮,在其下拉列表中,列出了多种可选用的主题样式,如图5-24所示。

1. 选用主题

打开演示文稿,在图5-24所示的主题样式中任选一种即可,但这时选中的主题样式会

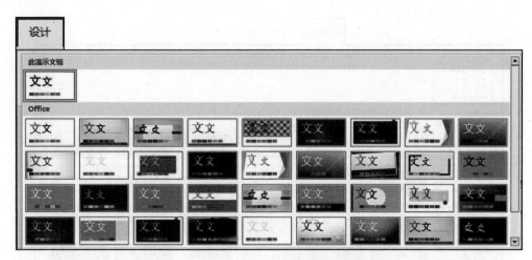

图 5-24　内置主题样式

作用于整份演示文稿。

如果希望在一份演示文稿中使用不同的主题,则首先选中待设置新主题样式的幻灯片组,再单击选择某主题样式,选中的幻灯片就会更改为该主题样式。

2. 自定义主题

对于已存在的主题,用户可根据自己的需要更改主题的颜色、字体、效果和背景样式,然后保存为自定义主题。

修改主题样式的方法是,单击"设计"|"变体"分组中的"变体"按钮,在其下拉列表中选择颜色、字体、效果和背景样式选项,如图 5-25 所示。

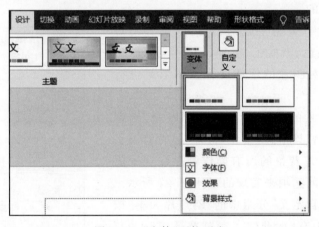

图 5-25　"变体"下拉列表

保存主题样式的方法是,单击"设计"|"主题"分组中的"主题"按钮,在其下拉列表中选择"保存当前主题"命令,如图 5-26 所示;然后在打开的"保存当前主题"对话框中的"文件名"文本框中输入主题样式名称并单击"保存"按钮。

【提示】　如果修改后的主题样式保存在本地驱动器上的 Document Themes 文件夹中,并保存为扩展名为".thmx"的文件,则演示文稿制作软件将自动将此主题样式添加到"设计"|"主题"功能组中的自定义主题列表中。

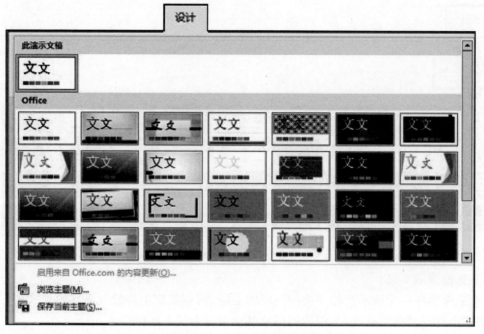

图 5-26 "主题"下拉列表

5.3.3 使用自定义功能

要想为演示文稿中不同的幻灯片设置不同的背景,使演示文稿更具个性化,仅使用母版和主题是无法实现的。

如果是一张没有应用主题的幻灯片,那么幻灯片背景可以填充纯色、渐变色、纹理、图案,也可以将图片作为背景,并对图片的饱和度及艺术效果进行设置。

设置幻灯片背景的方法是,单击"设计"→"自定义"分组中的"设置背景格式"按钮,打开"设置背景格式"面板,设置幻灯片背景的所有操作都是在这个面板中通过选择不同的选项来实现的,如图 5-27 所示。

单击"设计"|"自定义"分组中的"幻灯片大小"按钮,在其下拉列表中有"标准(4∶3)""宽屏(16∶9)""自定义幻灯片大小"3 个选项,如图 5-28 所示,该组选项用于设置幻灯片大小。单击"自定义幻灯片大小"选项可打开"幻灯片大小"对话框,在对话框中的"幻灯片大小"下拉列表中有"全屏显示(16∶9)""全屏显示(16∶10)"等选项可供选择;还可对幻灯片的宽度和高度做进一步设置,如图 5-29 所示。

图 5-27 "设置背景格式"面板

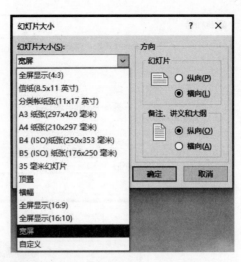

图 5-28 "幻灯片大小"下拉列表　　图 5-29 "幻灯片大小"对话框

【例 5.5】 在例 5.4 的设计基础上,为第 1 张幻灯片背景设置图片填充,第 2 张幻灯片背景设置"蓝色面巾纸"的纹理填充,第 3～7 张幻灯片的背景设置"浅色渐变-个性色 5"的渐变填充。最后以文件名"LT5.5(样张).pptx"保存于例 5.5 文件夹中。(背景图片素材文件已置于例 5.5 文件夹中)

【操作解析】 进入例 5.4 文件夹,打开"LT5.4(样张).pptx"文件,继续如下操作。

(1) 选中第 1 张幻灯片,在打开的"设置背景格式"面板中,在"填充"栏选择"图片或纹理填充"单选按钮,并单击"图片源"下面的"插入"按钮,打开"插入图片"对话框,如图 5-30 所示。

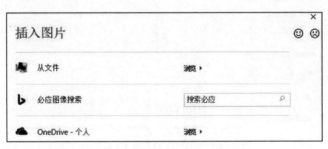

图 5-30 "插入图片"对话框 1

(2) 单击"从文件"图标后面的"浏览"按钮,打开"插入图片"对话框,找到并选中图片文件,单击"打开"按钮,即可实现背景图片素材文件的插入,如图 5-31 所示。

(3) 选中第 2 张幻灯片,在"设置背景格式"面板中,选中"图片或纹理填充"单选按钮,再单击"纹理"按钮,在其下拉列表中选择"蓝色面巾纸"选项即可,如图 5-32 所示。

(4) 按住 Shift 键的同时选中第 3～7 张幻灯片,在"设置背景格式"面板中选中"渐变填充"单选按钮,并单击"预设渐变"按钮,在其下拉列表中选择"浅色渐变-个性色 5"选项,如图 5-33 所示。

(5) 单击"文件"|"另存为"命令,在"另存为"界面中以文件名"LT5.5(样张).pptx"保存于例 5.5 文件夹中。

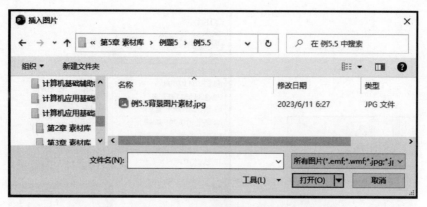

图 5-31 "插入图片"对话框 2

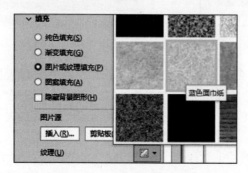

图 5-32 选择"蓝色面巾纸"

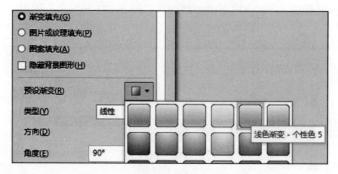

图 5-33 选择"浅色渐变-个性色 5"

5.4 演示文稿的动画效果

为使演示文稿在播放过程中具有动感,增加演示文稿的趣味性,更好地吸引观众的注意力,可以为幻灯片添加动画效果。PowerPoint 2016 的动画效果主要分为幻灯片间切换的动画效果和幻灯片中对象的动画效果。

5.4.1 幻灯片间切换的动画效果

幻灯片间切换的动画效果,是指设置在播放过程中两张连续的幻灯片之间的过渡效果,即从上一张幻灯片转到下一张幻灯片之间要呈现出的效果。例如,新幻灯片以上拉帷幕、覆盖、涡流、摩天轮等方式展现。

设置幻灯片切换效果的方法是,首先选定待设置切换效果的幻灯片,单击"切换"选项卡,然后在打开的"切换到此幻灯片"功能组中选择所需的切换方式,如图 5-34 所示。如果还需选择更多的切换方式,可单击"切换效果"按钮,展开"细微""华丽""动态内容"3 种类型的多种切换方式,如图 5-35 所示。

图 5-34　"切换到此幻灯片"功能组

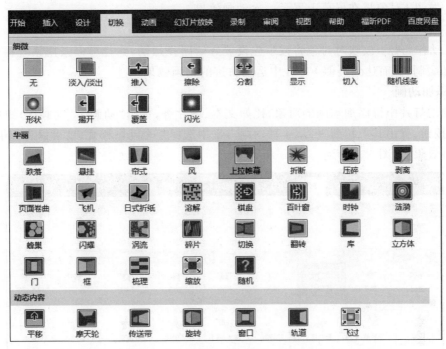

图 5-35　3 种类型的多种切换方式

"切换"|"计时"分组中的"声音"下拉列表用于设置换片时是否发出声音和发出什么声音;"换片方式"栏的"单击鼠标时"和"设置自动换片时间"复选框用于设置幻灯片的换片方式,默认方式为"单击鼠标时"换片。若取消选中"单击鼠标时"复选框,而选中"设置自动换片时间"复选框并同时调整其后的换片时间,则系统按调整的时间自动换片;若二者都选中,则单击鼠标时系统换片,若不单击鼠标,则系统按自动换片时间换片。"应用到全部"按钮用于设置所有幻灯片的换片效果和换片方式。

【例 5.6】　在例 5.5 的设计基础上,为演示文稿中的各幻灯片添加切换效果。第 1、2 张幻灯片分别为"上拉帷幕""蜂巢"效果,第 3~7 张幻灯片为"百叶窗"效果。

【操作解析】　进入例 5.5 文件夹,打开"LT5.5(样张).pptx"文件,继续如下操作。

(1) 选定第 1 张幻灯片,在"切换效果"下拉列表中的"华丽"栏选择"上拉帷幕"选项。

(2) 选定第 2 张幻灯片,在"切换效果"下拉列表中的"华丽"栏选择"蜂巢"选项。

(3) 按住 Shift 键,选定第 3~7 张幻灯片,在"切换效果"下拉列表中的"华丽"栏选择"百叶窗"选项。

(4) 单击"文件"|"另存为"命令,在"另存为"界面中以文件名"LT5.6(样张).pptx"保存于例 5.6 文件夹中。

5.4.2 幻灯片中对象的动画效果

一张幻灯片中可以包含文本、图片等多个对象,可以为它们添加动画效果,包括进入动画、退出动画、强调动画;还可以设置动画的动作路径,编排各对象的动画顺序;每一组动画方案又包含多种动画样式。

(1) 进入:对象以怎样的动画效果出现在屏幕上。

(2) 强调:对象将在屏幕上展示一次动画效果。

(3) 退出:对象将以怎样的动画效果退出屏幕。

(4) 动作路径:放映时对象将按事先设置好的路径运动,路径可以采用系统提供的,也可以自己绘制,从而达到类似 Flash 中运动轨迹的动画效果。

1. 添加动画

选中幻灯片中待添加动画的对象,比如文本、图片等,单击"动画"|"动画"分组中的"动画样式"按钮,弹出其下拉列表,从 4 种动画方案中选择某个动画样式,就可以为选中的对象添加动画效果,如图 5-36 所示。

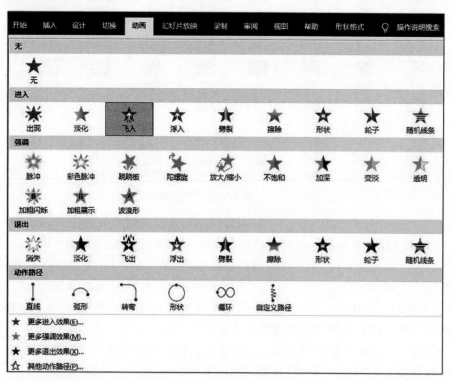

图 5-36 "动画样式"下拉列表

对于某一对象,既可以使用一种动画方案,如"进入"或"退出",也可以将多种动画方案组合使用。例如,某张图片以怎样的方式进入,又以怎样的方式退出。

【例 5.7】 在例 5.6 的设计基础上,按表 5-1 中的要求为各幻灯片中的对象设置动画效果。

表 5-1　例 5.7 中各幻灯片中对象的动画效果设置

幻灯片编号	对　　象	动 画 样 式	播 放 方 式	动画顺序号
1	标题文字	飞入(自右上部)	单击时	1
1	副标题文字	飞入(自底部)	单击时	2
2	5 对(形状+箭头)	缩放(逐个)	上一动画之后 (持续时间 0.5 秒)	0、1、2、3、……
3	图片和文字 (同时被选中)	形状	与上一动画同时 (持续时间 1 秒)	0
4	图片和文字 (同时被选中)	随机线条	与上一动画同时 (持续时间 1 秒)	0
5	图片和文字 (同时被选中)	轮子	与上一动画同时 (持续时间 1 秒)	0
6	图片和文字 (同时被选中)	劈裂	与上一动画同时 (持续时间 1 秒)	0
7	图片和文字 (同时被选中)	擦除	与上一动画同时 (持续时间 1 秒)	0

【说明】 表 5-1 中未列出的对象为无动画。

【操作解析】 进入例 5.6 文件夹,打开"LT5.6(样张).pptx"文件,继续如下操作。

(1) 选中编号为 1 的幻灯片,先后选中标题、副标题文字,在"动画"|"动画"分组中单击"动画样式"按钮,在其下拉列表中选择"飞入"样式,在"效果选项"下拉列表中,为标题和副标题文字分别选择"自右上部"和"自底部"效果。

(2) 选中编号为 2 的幻灯片,并选中 SmartArt 图形,在"动画样式"下拉列表中选择"缩放"样式。单击"动画"|"动画"分组中的"效果选项"按钮,从其下拉列表中选择"逐个"选项,如图 5-37 所示。切换至"动画"|"计时"功能组,播放方式设置为"上一动画之后","持续时间"设置为 0.5 秒,如图 5-38 所示。

图 5-37　选择"逐个"选项

(3) 选中编号为 3 的幻灯片,同时选中文字和图片,在"动画样式"下拉列表中选择"形状"样式。选择文本占位符,单击"动画"|"动画"分组中的"效果选项"按钮,从其下拉列表中选择"全部一起"选项,如图 5-39 所示。切换至"动画"|"计时"功能组,"播放方式"设置为"与上一动画同时","持续时间"设置为 1 秒。

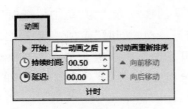

图 5-38　"计时"组

图 5-39　选择"全部一起"选项

(4) 对编号为 4、5、6、7 的幻灯片,动画样式分别选择"随机线条""轮子""劈裂""擦除";对于"效果选项"和播放方式均按照编号为 3 的幻灯片设置即可。

(5) 单击"文件"|"另存为"命令,在"另存为"界面中以文件名"LT5.7(样张).pptx"保存于例 5.7 文件夹中。

2. 编辑动画

通过编辑动画可使动画更具个性。编辑动画是指添加动画以后,对动画的播放方式、顺序、声音、运动路径等进行调整。

【提示】 一旦为幻灯片中的对象添加了动画,每个对象左上角就会显示动画效果的顺序标记,这个标记就是该对象在幻灯片放映时出现的顺序,如图 5-40 所示。

图 5-40 对象被设置动画后的顺序标记

编辑动画一般通过"动画窗格"进行,单击"动画"|"高级动画"分组中的"动画窗格"按钮便可打开动画窗格,在打开的动画窗格中可看到已经设置的动画效果列表,单击任意项目的下拉列表会显示编辑动画选项,如图 5-41 所示。其中几个选项的说明如下。

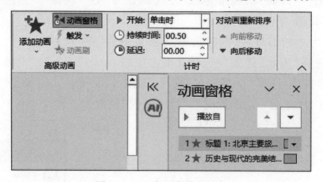

图 5-41 "动画窗格"列表

(1) 播放方式。

播放方式即动画播放的开始方式。动画默认的播放方式为"单击鼠标时",即单击开始播放。如果想让系统自动连续播放,可选择"与上一动画同时"或"上一动画之后"等选项,若选择"上一动画之后"选项,则当前对象的动画开始时间将取决于上一个对象动画的持续时间和延迟时间。播放方式是在"动画"|"计时"分组中的"开始"列表框中选择的。

(2) 效果选项。

① 用以设置动画文本出现的形式,例如一个占位符中输入了若干段文本,是"按段落"

先后出现还是"全部一起"出现，如图 5-39 所示。

② 设置由若干图形组成的组合图形出现的形式，例如 SmartArt 图形，是"逐个"还是"全部一起"，如图 5-37 所示。

③ 设置动画声音。

(3) "重新排序"按钮。

"重新排序"按钮用于调整动画的播放顺序。可以在"动画窗格"列表框中选中对象然后直接上下拖曳以改变顺序，也可以单击下方的一对按钮 进行调整。还可以在"对动画重新排序"栏单击"向前移动"或"向后移动"按钮来改变动画的播放顺序，如图 5-42 所示。

图 5-42　重新排序栏

(4) 高级动画组。

高级动画组主要包括"添加动画""触发""动画窗格"几个按钮，其中"添加动画"按钮用于给一个对象添加一个以上的动画，如设置一个对象以什么方式进入，再以什么方式退出，就要使用这个按钮。

【例 5.8】　在例 5.7 的基础上，在第 7 张幻灯片后再添加一张空白幻灯片，插入一张"北京欢迎您"的图片，设置一定的格式；并插入艺术字"北京欢迎您!"，设置一定格式。给它们设置的动画效果是，图片从左上角以"飞入"样式进入，以"收缩并旋转"样式退出，播放方式均为"单击鼠标时"；然后艺术字以"轮子"样式进入，播放方式为"与上一动画同时"（即与图片退出同时）。

【操作解析】　进入例 5.7 文件夹，打开"LT5.7(样张).pptx"文件，继续如下操作。

(1) 选中编号为 7 的幻灯片，在"开始"|"幻灯片"分组中单击"新建幻灯片"旁边的下拉按钮，从其下拉列表中选择"空白"幻灯片。

图 5-43　插入图片

(2) 单击"插入"|"图像"分组中的"图片"按钮，在其下拉列表中选择"此设备"选项，如图 5-43 所示。在打开的"插入图片"对话框中，找到并选中例 5.8 文件夹下的"北京欢迎您"图片，单击"插入"按钮。

(3) 选中图片，在弹出的"图片工具"|"图片格式"|"大小"分组中，单击"大小和位置"按钮，打开"设置图片格式"面板。在面板中的"位置"栏，选择"水平位置"为 11 厘米，从"左上角"；"垂直位置"为 5.5 厘米，从"左上角"，如图 5-44 所示。在"大小"栏取消选中"锁定纵横比"复选框，并设置图片的"高度"值为 6 厘米，"宽度"值为 10 厘米，如图 5-45 所示。

图 5-44　"位置"栏

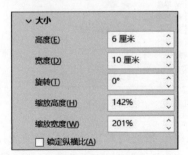

图 5-45　"大小"栏

(4) 在幻灯片中插入横排文本框,并输入文字"北京欢迎您!",选中文字,单击"插入"|"文本"分组中的"艺术字"按钮,从其下拉列表中选择第 1 行第 3 列艺术字样式,如图 5-46 所示,设置为华文彩云、40 磅字体。

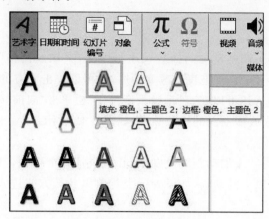

图 5-46　选择艺术字样式

(5) 设置"图片"动画。选中图片,在"动画样式"列表中选择"飞入"样式,"效果选项"为"左上角",播放方式为"单击鼠标时"。然后确认图片仍被选中,单击"动画"|"高级动画"分组中的"添加动画"按钮,从其下拉列表中选择"更多退出效果"选项,打开"添加退出效果"对话框,选择"收缩并旋转"动画样式,单击"确定"按钮,如图 5-47 所示。

(6) 设置艺术字动画。选中艺术字,在"动画样式"下拉列表中选择"轮子"样式,切换至"动画"|"计时"分组,在"开始"下拉列表中选择"与上一动画同时"选项,如图 5-48 所示。

图 5-47　"添加退出效果"对话框

图 5-48　"动画"|"计时"功能组

(7) 在第 2 张幻灯片中适当位置插入-动作按钮,单击此按钮跳转至第 8 张幻灯片。

(8) 单击"文件"|"另存为"命令,在"另存为"界面中以文件名"LT5.8(样张).pptx"保存于例 5.8 文件夹中。

【例5.9】 在例5.7的设计基础上,将编号为1的幻灯片中的对象动画均修改为"上一动画之后",持续时间为0.5秒。设置演示文稿全程连续自动播放,自动换片时间和持续时间均为3秒,并设置换片时发出"鼓掌"声。最后以文件名"北京-历史与现代的完美结合.pptx"保存于例5.9文件夹中。

【操作解析】 进入例5.7文件夹,打开"LT5.7(样张).pptx"文件,继续如下操作。

(1) 选中编号为1的幻灯片,同时选中标题、副标题文本,在"动画样式"列表中选择"飞入"样式,"效果选项"为"左上角",在"计时"组,将"单击鼠标时"修改为"上一动画之后",持续时间为0.5秒。

(2) 确认编号为1的幻灯片仍被选中,切换至"切换"|"计时"组,在"声音"下拉列表框中选择"鼓掌"选项,取消选中"单击鼠标时"复选框,选中"设置自动换片时间"复选框,并将"持续时间"和"设置自动换片时间"均设置为3秒,单击"应用到全部"按钮,如图5-49所示。

(3) 按要求保存文档。

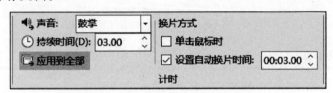

图5-49 设置演示文稿自动换片

5.5 演示文稿的放映与打包

5.5.1 演示文稿的放映

设计制作演示文稿的最终目的是放映演示文稿,PowerPoint 2016提供了多种演示文稿的放映方式和控制放映的方法,以此来满足不同用户的需要。在"幻灯片放映"|"设置"分组中设有"设置幻灯片放映""隐藏幻灯片""排练计时""录制"4个按钮,下面简要介绍它们的功能。

1. 设置放映方式

设置演示文稿的放映方式可单击"幻灯片放映"|"设置"分组中的"设置幻灯片放映"按钮,打开"设置放映方式"对话框,如图5-50所示。幻灯片放映类型有如下3种。

(1) 演讲者放映。

演讲者放映是默认的放映类型,也是一种灵活的放映方式,以全屏幕的形式显示幻灯片。演讲者可以控制整个放映过程,也可以用"绘画笔"勾画,适用于演讲者一边讲解一边放映的场合,例如会议、课堂等。

(2) 观众自行浏览。

该方式以窗口的形式显示幻灯片,观众可以自行浏览、编辑幻灯片,适用于终端服务设备且同时被少数人使用的场合。

(3) 在展台浏览。

该方式以全屏幕的形式显示幻灯片。放映时,键盘和鼠标的功能失效,只保留光标最基本的指示功能,因而不能现场控制放映过程,需要预先将换片方式设为自动方式,或者通过"幻灯

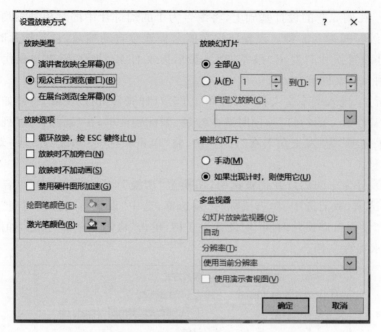

图 5-50 "设置放映方式"对话框

片放映"功能区中的"排练计时"命令来设置时间和次序。该方式适用于无人看守的展台。

"设置放映方式"对话框中的"放映类型""放映选项""放映幻灯片"等设置都非常直观灵活,用户可根据需要自行设置。

2. 设置隐藏幻灯片

在放映演示文稿时,如果希望某张幻灯片不显示,暂时隐藏,可选中该张幻灯片,单击"幻灯片放映"|"设置"分组中的"隐藏幻灯片"按钮,则该张幻灯片被设置为隐藏,被隐藏的幻灯片在演示文稿放映时不会被显示。如果再次单击"隐藏幻灯片"按钮,该张幻灯片又恢复到原来的可显示状态。

3. 排练计时

排练计时是指在放映时安排每张幻灯片的放映时长,并记录演示文稿的总放映时长。其实现方法是,单击"幻灯片放映"|"设置"分组中的"排练计时"按钮,在放映幻灯片的左上角会有图 5-51 所示的录制排练计时框,单击幻灯片就立即转到下一张幻灯片,计时又从 0:00:00 开始,计时框右侧的时间是演示文稿放映总时长。按 Esc 键可退出排练计时。

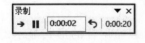

图 5-51 录制排练计时框

在"幻灯片浏览"视图下可看到每张幻灯片右下角显示的排练时长,如图 5-52 所示。

4. 录制幻灯片演示

与排练计时相比,录制幻灯片演示时多了旁白、动画等放映时间。其实现方法是,单击"幻灯片放映"|"设置"分组中的"录制"按钮,在其下拉列表中可选择"从头开始"或"从当前幻灯片开始"选项,如图 5-53 所示。当选择其中任何一个选项时,会弹出图 5-54 所示的"录制幻灯片演示"对话框,根据需要选择要录制的幻灯片后单击"开始录制"按钮,按 Esc 键可退出录制幻灯片演示。

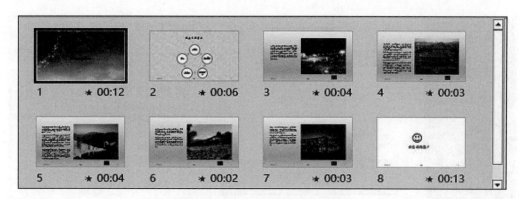

图 5-52 每张幻灯片的排练时长

同样,在"幻灯片浏览"视图下可看到每张幻灯片右下角显示的录制幻灯片演示的时长。

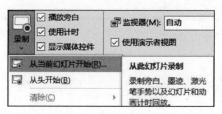

图 5-53 "录制"按钮下拉列表

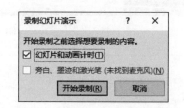

图 5-54 "录制幻灯片演示"对话框

5.5.2 演示文稿的打包

放映 PPTX 格式和 PPSX 格式的演示文稿,要求计算机必须安装 Microsoft Office PowerPoint 软件,如果演示文稿中包含指向其他文件(例如声音、影片、图片)的链接,还应该将这些资源文件同时复制到计算机的相应目录下,操作起来比较麻烦。在这种情况下,建议将演示文稿打包成 CD。

打包成 CD 能更有效地发布演示文稿,可以直接将放映演示文稿所需要的全部资源打包,刻录成 CD 或者打包到文件夹。

如果要打包到 CD 盘上,就需要提前配备刻录机和空白 CD 盘。下面介绍打包到磁盘的文件夹。

【例 5.10】 将例 5.9 完成的名为"北京-历史与现代的完美结合.pptx"的演示文稿打包到文件夹,文件夹命名为"北京主要旅游景点介绍",打包文件夹存放位置为例 5.10 文件夹。

(1) 打开要打包的演示文稿。进入例 5.9 文件夹,打开"北京-历史与现代的完美结合.pptx"文件。

(2) 执行"文件"→"导出"→"将演示文稿打包成 CD"命令,如图 5-55 所示。

(3) 单击"打包成 CD"按钮,弹出图 5-56 所示的"打包成 CD"对话框。

(4) 在"将 CD 命名为"文本框中输入"北京主要旅游景点介绍"。

(5) 单击"复制到文件夹"按钮,弹出"复制到文件夹"对话框,如图 5-57 所示。

(6) 单击"浏览"按钮,选择打包文件夹存放位置(此处选择例 5.10 文件夹)后单击"确定"按钮,如图 5-58 所示。

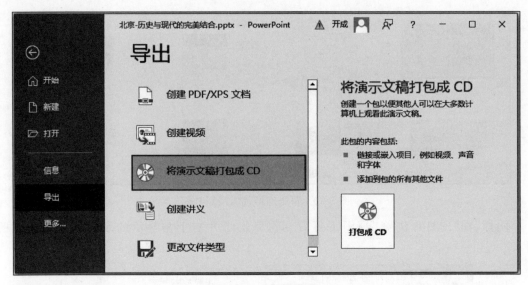

图 5-55 "导出"窗口

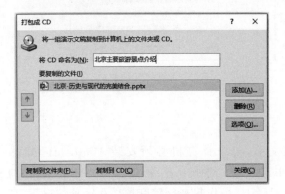

图 5-56 "打包成 CD"对话框

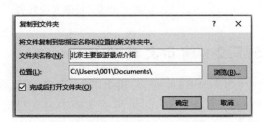

图 5-57 "复制到文件夹"对话框

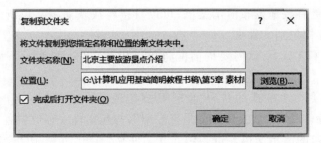

图 5-58 单击"确定"按钮

习 题 5

【习题 5.1】(实验 5.1) 设计制作以国产动车为主题的演示文稿

进入第 5 章素材库\习题 5 下的习题 5.1 文件夹,打开"yswg.pptx"和"文字素材.docx"文件,并参照习题 5.1 的设计样例,如图 5-59 所示,按照"文字素材.docx"文件的要求,并结合下列要求,完成对"yswg.pptx"文稿的修饰。最后以文件名"国产动车.pptx"保存于习题 5.1 文件夹中。

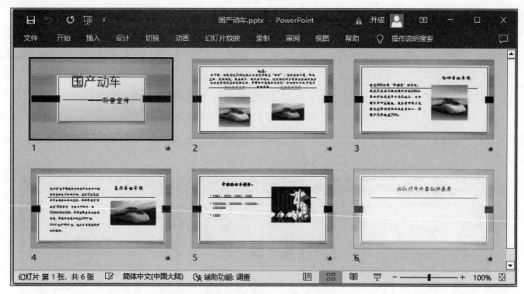

图 5-59　习题 5.1 设计样例

（1）在第 1 张幻灯片之前插入一张标题幻灯片,分别输入标题文字"国产动车"和副标题文字"——科普宣传";标题文字字体为幼圆、72 磅,副标题文字字体为仿宋、40 磅。

（2）依次插入第 2、3、4 张幻灯片,版式分别为"比较""两栏内容""两栏内容",然后按"文字素材.docx"文件的要求插入文字和图片以及设置文字格式。

（3）在第 5 张幻灯片后再插入一张"仅标题"幻灯片,在标题占位符处输入文字"此幻灯片内容仅供参考",字体为方正舒体、32 磅。

（4）切换效果设置。第 1 张幻灯片为"上拉帷幕",第 2 张幻灯片为"蜂巢",第 3~5 张幻灯片为"百叶窗"。

（5）按表 5-2 设置各幻灯片中各对象的动画效果。

表 5-2　各幻灯片中各对象的动画效果

幻灯片编号	对象	动画样式	播放方式	动画顺序号
1	标题占位符文字	飞入（自左上角）	单击鼠标时	1
	副标题占位符文字	浮入（上浮）	单击鼠标时	2
2	标题占位符文字	劈裂	单击鼠标时	1
	左标题和图片	形状（菱形）	单击鼠标时	2
	右标题和图片	形状（菱形）	与上一动画同时	2
3	左栏文字	轮子	单击鼠标时	1
	右标题和图片	旋转	与上一动画同时	1
4	左栏文字	轮子	单击鼠标时	1
	右标题和图片	旋转	与上一动画同时	1
5	标题占位符文字	飞入（自左侧）	单击鼠标时	1
	文本占位符文字	浮入	与上一动画同时	1
	图片	形状（菱形）	与上一动画同时	1

(6) 为第 2 张幻灯片中的两个二级标题文字"和谐号动车组"和"复兴号动车组"设置超链接,其实现的效果是:单击"和谐号动车组"和"复兴号动车组"文字后,分别跳转至第 3 张和第 4 张幻灯片。

(7) 为整个演示文稿应用"环保主题";设置演示文稿放映类型为"观众自行浏览"和"循环放映,按 ESC 键终止",并设置放映时全屏显示(16∶9);因为第 6 张幻灯片提供的是参考信息,故在全程放映时不显示。

【习题 5.2】(实验 5.2) 设计制作以计算机发展史为主题的演示文稿

打开习题 5.2 文件夹下的"文字素材.docx"文件,按照其中对每张幻灯片版式、文字排版格式等的要求,并结合下列要求,设计制作以"计算机发展史.pptx"为文件名的演示文稿,设计样例如图 5-2 所示,最后保存于习题 5.2 文件夹中。

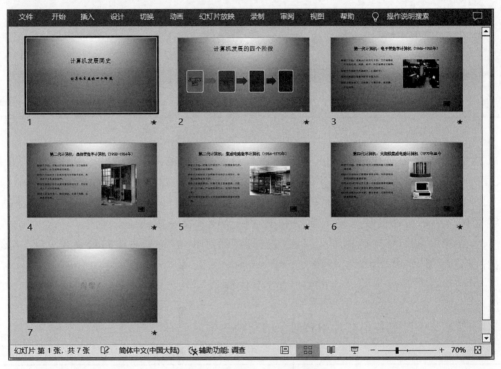

图 5-60 习题 5.2 设计样例

(1) 启动 PowerPoint 2016 软件,插入 7 张幻灯片,第 1 张为"标题幻灯片"版式,第 2 张为"标题和内容"版式,第 3~6 张为"两栏内容"版式,第 7 张为"空白"版式。所有幻灯片设置统一的背景格式:"渐变填充"→"顶部聚光灯-个性色 1"。

(2) 按照"文字素材.docx"文件的要求,给每张幻灯片复制文字、插入图片、插入 SmartArt 图形、输入文字,并设置字体格式,调整图片大小和位置等。

(3) 在第 7 张幻灯片中插入"填充:金色。主题色 4;软棱台"样式的艺术字,字体为华文行楷,60 磅,并设置艺术字的"文本效果"为"映像变体"中的"半映像:8 磅偏移量"。

(4) 为演示文稿设置超链接。达到的效果是:单击第 2 张幻灯片中的 4 个文本框之一中的文字,会跳转至第 3~6 张幻灯片之一的相应幻灯片,在第 3~6 张幻灯片右下角适当位置画一个动作按钮,单击该按钮会跳转至第 2 张幻灯片。

(5) 为演示文稿中的所有幻灯片设置相同的切换效果:"推入(自左侧)",换片方式为默认方式,即"单击鼠标时"。

(6) 按表 5-3 设置各幻灯片中各对象的动画(表中未列出的对象均为无动画)。

表 5-3　各幻灯片中的各对象动画设置

幻灯片编号	对　　象	动 画 样 式	播 放 方 式	动画顺序号
1	副标题占位符文字	飞入(自底部)	单击鼠标时	1
2	4个文本框	轮子(逐个)	单击鼠标时	1、2、3、4
3	图片	翻转式由远及近	单击鼠标时	1
4	图片	形状(菱形)	单击鼠标时	1
5	图片	回旋	单击鼠标时	1
6	图片	旋转	单击鼠标时	1
7	谢谢!(艺术字)	以"展开"方式进入	单击鼠标时	1
		以"收缩并旋转"方式退出	单击鼠标时	2

(7) 设置演示文稿放映类型为"观众自行浏览"和"循环放映,按 ESC 键终止",并设置放映时宽屏显示(16∶9)。

第 6 章　计算机网络基础与应用

21世纪是一个以网络为核心的信息时代,人们日常的工作、学习、娱乐、购物、社交等都离不开网络。计算机网络的迅速发展给人们的生活带来了空前的变化,拉近了人与人的距离,实现了计算机之间的连通和网络资源共享。

学习目标
- 理解计算机网络的基本概念和组成。
- 了解 OSI 参考模型和 TCP/IP 体系结构。
- 掌握 IP 地址与域名的使用方法。
- 掌握浏览器和电子邮件的使用方法。
- 掌握计算机网络安全的基本知识,了解计算机病毒及其防治常识。

6.1　计算机网络概述

计算机网络是计算机技术和通信技术相结合的产物,是一种通信基础设施,用来实现分散的计算机之间的通信和资源共享。计算机网络现在已成为信息社会发展的重要基础,对经济发展和社会进步产生了非常大的影响。

6.1.1　计算机网络的定义

1. 什么是计算机网络

"网络",顾名思义就是一张大网,上面有多个纵横交错的节点,各节点间相互连接。"网络"这个词的应用非常广泛,除计算机领域外,还应用于其他许多方面,如电网、公路网、通信网和电话网等。

计算机网络是指将地理位置不同的、具有独立功能的多台计算机及其外部设备通过通信线路连接起来,在网络操作系统、网络管理软件及网络通信协议的管理和协调下,实现资源共享和信息传递的系统。随着计算机网络的高速发展,当今计算机网络所连接的硬件设备并不限于一般的计算机,还包括其他可编程的智能设备,如智能手机和 Pad 等移动设备。图 6-1 给出了一个典型的计算机网络示意图。

2. 计算机网络的基本功能

计算机网络之所以能得到如此迅速的发展和普及,归根结底是因为它具有非常强大的功能,主要表现在以下 3 方面。

(1) 资源共享。

"资源"指的是网络中所有的软件、硬件和数据资源。"共享"指的是网络中的用户都能够部分或全部地享受这些资源。如某些地区或单位的数据库可供全网使用(如订机票、酒店

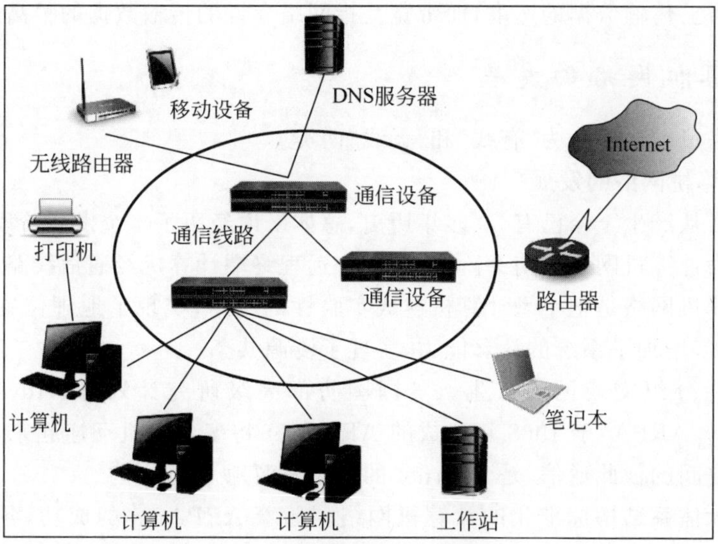

图 6-1 计算机网络示意图

时);某些单位设计的软件可供其他单位有偿调用或办理一定手续后调用;一个部门只需共享一台打印机便可供整个部门使用,从而使不具有这些设备的地方也能使用设备。如果不能实现资源共享,各单位地区都需要配备完整的软、硬件及数据资源,这将极大增加投资费用。

(2) 数据通信。

数据通信是计算机网络最基本的功能,用来快速传送计算机与终端、计算机与计算机之间的各种信息,包括文本信息、图形图像、影音视频等。利用这一特点,可将分散在各个地区的单位或部门用计算机网络连接起来,进行统一的调配、控制和管理。

(3) 分布式数据处理。

由于计算机价格下降速度较快,这使得在获得数据和需要进行数据处理的地方分别设置计算机变为可能。对于较复杂的综合性问题,可以通过一定的算法,把数据处理的功能交给不同的计算机,达到均衡使用网络资源及分布处理数据的目的。

3. 计算机网络的性能指标

衡量计算机网络性能的指标有多种,但最重要也是最基本的只有两个:数据传输速率和带宽。

(1) 数据传输速率。

计算机网络的数据传输速率是指计算机在网络(数字信道)上每秒传输数据的二进制比特数,单位为比特/秒,即 b/s(bit/second)或 bps(bit per second),常用 Kbps、Mbps、Gbps 作为数据传输速率的单位。为表达方便,通常忽略单位中的 bps,例如 100M 以太网的数据传输速率为 100Mbps,1000M 以太网的数据传输速率为 1000Mbps。

(2) 带宽。

带宽是指网络(通信线路)所能传输数据的能力,即单位时间内从计算机网络(通信线路)中的某一个点到另一个点所能传输的最大数据量,其单位与数据传输速率的单位相同。

数据传输速率和带宽虽然使用的单位相同,但却是两个不同的概念。数据传输速率是指计算机在网络上传输数据的速度,而带宽是指网络允许的传输数据的最高速度。

6.1.2 计算机网络的发展

计算机网络目前主要分为"有线"和"无线"两类。

1. 有线计算机网络的发展

计算机网络从产生至今已有 50 多年历史,总体来说经历了 4 个发展阶段。

第 1 阶段为计算机网络的萌芽阶段,若干台远程终端计算机经通信线路互连组成网络。这一阶段的计算机网络是把小型计算机连成实验性的网络,实现了地理位置分散的终端与主机之间的连接,增加了系统的计算能力,实现了资源共享。

第 2 阶段为分组交换网的产生。美国国防部高级研究计划署(Advanced Research Projects Agency,ARPA)于 1968 年建成的 ARPAnet 将多台主机互连起来,通过分组交换技术实现主机之间的彼此通信,是 Internet 的最早发源地。

第 3 阶段为体系结构标准化的计算机网络。随着 ARPAnet 的成功,各大公司纷纷推出自己的网络体系结构,不同网络体系结构使同一个公司的设备容易互连,而不同公司的设备却很难相互连通,这对于网络技术的进一步发展极为不利。为此国际标准化组织于 1977 年成立机构研究标准体系结构,于 1983 年提出著名的开放系统互连参考模型 OSI/RM(Open Systems Interconnection Reference Model),用于实现各种计算机设备的互连,OSI/RM 成为法律上的国际标准。但由于基于 TCP/IP 的互联网已在此标准制定出来之前成功地在全球运行了,所以目前得到最广泛应用的仍是 TCP/IP 体系结构。

第 4 阶段为以网络互连为核心的计算机网络。随着通信技术的发展和人们需求的增加,网络之间通过路由器连接起来,构成一个覆盖范围更大的计算机网络,这样的"网络的网络"称为互联网。目前,Internet 是全球最大的、开放的、由众多网络相互连接而成的特定的互联网,它采用 TCP/IP 协议作为通信的规则。

2. 无线计算机网络的发展

无线局域网络(WLAN)起步于 1997 年。当年 6 月,第一个无线局域网标准 IEEE 802.11 正式颁布实施,为无线局域网技术提供了统一标准,但当时的传输速率只有 1~2Mb/s。随后 IEEE 委员会又开始了新的 WLAN 标准的制定,分别取名为 IEEE 802.11a 和 IEEE 802.11b。这两个标准分别工作在不同的频率段上,IEEE 802.11a 工作在商用的 5GHz 段,而 IEEE 802.11b 工作在免费的 2.4GHz 频段。IEEE 802.11b 标准于 1999 年 9 月正式颁布,其速率为 11Mb/s;2001 年年底正式颁布的 IEEE 802.11a 标准,其传输速率可达到 54Mb/s。尽管如此,WLAN 的应用并未真正开始,因为整个 WLAN 应用环境并不成熟。在当时,人们普遍认为 WLAN 主要是应用于商务人士的移动办公,还没有人想到它会在现在的家庭和企业中得到广泛应用。

WLAN 的真正发展是从 2003 年 Intel 第一次推出带有 WLAN 无线网卡芯片模块的迅驰处理器开始的。经过两年多的开发和多次改进,一种兼容原来的 IEEE 802.11b 标准,同时可提供 54Mb/s 接入速率的新标准 IEEE 802.11g,在 IEEE 委员会的努力下正式发布了。因为该标准工作于免费的 2.4GHz 频段,所以很快被许多无线网络设备厂商采用。

同时,一些技术很强的无线网络设备厂商对 IEEE 802.11a 和 IEEE 802.11g 标准进行改进,纷纷推出了其增强版,它们的接入速率可以达到 108Mb/s。

3. 我国计算机网络的发展

计算机网络在我国的发展比较晚。铁道部在 1980 年开始进行计算机联网实验,1989 年 11 月,我国第一个公用分组交换网 CNPAC 建成并运行。1994 年 4 月 20 日,我国正式连入互联网,同年 5 月,中国科学院高能物理研究所设立了我国第一个万维网服务器。1994 年,中国 Internet 只有一个国际出口和三百多个入网用户,到 2020 年 3 月,我国的 Internet 用户已达 9.04 亿,互联网普及率达 64.5%。我国建立了多个基于互联网技术的全国公用计算机网络,规模最大的有 5 个,它们是 ChinaNet(中国电信互联网)、UNINet(中国联通互联网)、CMNET(中国移动互联网)、CSTNET(中国科技网)和 CERNET(中国教育和科研网)。随着社会需求的不断提升和人工智能技术的发展,未来计算机网络将无处不在,计算机网络的发展会进入一个全新的时代。

6.1.3 计算机网络的分类

计算机网络可按照不同的分类标准进行分类,如覆盖范围、传输介质、拓扑结构等。

1. 按覆盖范围分类

按网络覆盖的地理范围,可将网络划分为广域网、城域网、局域网和个人区域网 4 种。

(1) 广域网。

广域网(Wide Area Network,WAN)又称远程网,是一个在相对广阔的地理区域内进行数据传输的通信网络,由相距较远的局域网或城域网互连而成,可以覆盖若干城市、整个国家,甚至全球。广域网具有覆盖的地理区域广的优点,连接广域网各节点交换机的链路一般都是高速链路,具有较大的通信容量。

(2) 城域网。

城域网(Metropolitan Area Network,MAN)又称为城市地区网络,覆盖范围在几十千米,可以为一个单位所拥有,也可以是将多个局域网进行连接的公用网络,目前很多城域网采用以太网技术。

(3) 局域网。

局域网(Local Area Network,LAN)是一种只在局部地区范围内将计算机、外设和通信设备互连在一起的网络,其覆盖范围比较小,一个学校或一个企业都可以拥有一个局域网,这是最常见、应用最广的一种网络。局域网具有网络传输速率较高(10Mb/s~10Gb/s)、误码率较低、成本低、组网容易、维护方便和易于扩展等特点。

(4) 个人区域网。

个人区域网(Personal Area Network,PAN)是在个人工作或家庭环境内把电子设备(如手机、计算机等)用无线技术连接起来的网络,作用范围小,距离大约在 10 米。

2. 按传输介质分类

根据使用的通信介质,可以把计算机网络分为有线网络和无线网络。

(1) 有线网络。

有线网络是指利用双绞线、同轴电缆、光缆、电话线等作为传输介质组建的网络。在局域网中使用得最多的是双绞线,在主干线上使用光缆作为传输介质。

(2) 无线网络。

无线网络是指无须布线就能实现各种通信设备互连的网络。无线网络技术涵盖的范围很广,既包括允许用户建立远距离无线连接的全球语音和数据网络,也包括为近距离无线连接进行优化的红外线及射频技术。主要采用的传输介质是无线电、微波、红外线、激光等。

3. 按拓扑结构分类

计算机网络的拓扑结构就是网络的物理连接形式,这是计算机网络的重要特征。通过节点与通信线路之间的几何关系表示结构,描述网络中计算机与其他设备之间的连接关系。网络拓扑结构对整个网络的设计、功能、可靠性、费用等方面有着重要的影响。选用何种类型的网络拓扑结构,要依据实际需要而定。计算机网络系统的拓扑结构主要有总线型、环状、星状、树状、网状等几种。

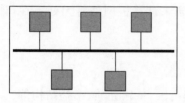

图 6-2 总线结构

(1) 总线型。

总线结构的所有节点都连接在一条主干线上,这条主干线就称为总线,如图 6-2 所示。在总线型拓扑结构中,所有节点共享一条总线进行信息传输,任何一个节点发出信息,其他所有节点都能收到,故总线网络也被称为广播式网络。总线型拓扑结构的主要优点是结构简单、布线容易、可靠性较高、易于扩充;主要缺点是所有数据都需经过总线传送,总线成为整个网络的瓶颈,出现故障时诊断较为困难。

(2) 环状。

在环状拓扑结构中,入网的计算机通过通信线路连成一个封闭环路,如图 6-3 所示。环状网络中,数据沿着一个方向在各节点间传输,当信息流中的地址与环上的某个节点地址相符时,信息被该节点复制,然后该信息被送回源发送点,完成一次信息的发送。环状拓扑结构的主要优点是结构简单、实时性强、节点之间发送信息不冲突(单向传输);主要缺点是可靠性差,当环路上任何一个节点发生故障时都将导致整个网络的瘫痪,且节点增删复杂,组网灵活性差。

(3) 星状。

由一个中心节点(如集线器)与其他终端主机连接组成的网络称为星型网,如图 6-4 所示。计算机之间不能直接通信,必须由中心节点接收各节点的信息再转发到相应的节点,因此对中心节点的性能要求高。星状拓扑结构网络的主要优点是结构简单、组网容易、线路集中、便于管理和维护;主要缺点是中心节点负荷重,一旦出现故障系统无法工作,容易在中心节点形成系统"瓶颈"。

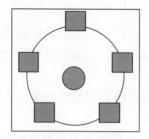

图 6-3 环状结构

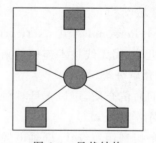

图 6-4 星状结构

(4) 树状。

树状拓扑结构是星状结构的拓展,其结构图看上去是一棵倒挂的树,如图 6-5 所示。树最上端的节点叫根节点,一个节点发送信息时,根节点接收信息并向全树广播。树状结构在局域网中使用较多。树状拓扑结构易于扩展与故障隔离,但对根节点依赖太强。该结构采用分层管理方式,各层之间通信较少,最大的缺点在于资源共享性不好。

(5)网状。

网状拓扑结构又称无规则型网络。在网状拓扑结构中,节点之间的连接是任意的,没有规律,如图6-6所示。目前广域网基本采用网状拓扑结构。网状拓扑结构可靠性高,比较容易扩展,但结构复杂,每个节点都与多个节点进行连接,因此必须采用路由算法和流量控制方法。

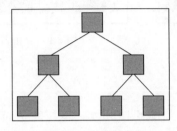
图6-5 树状结构

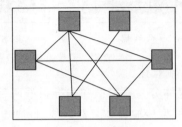
图6-6 网状结构

6.1.4 计算机网络的组成

与计算机系统类似,计算机网络由网络硬件系统和网络软件系统两部分组成。

1. 网络硬件系统

计算机网络的硬件设备主要有计算机、网络适配器、调制解调器、集线器、交换机、路由器等;用于设备之间连接的传输媒体,包括导引型传输媒体和非导引型传输媒体。

(1)网络适配器。

网络适配器又称网络接口卡(Network Interface Card)或简称网卡,用于计算机和传输介质之间的物理连接,通过数据缓存和串并行的转换实现计算机和局域网之间的通信。网卡分为有线网卡和无线网卡。计算机的硬件地址就在适配器的ROM中,所以只要适配器不更换,硬件地址就不会变。

(2)调制解调器。

调制解调器又称Modem,它的功能是实现数字信号和模拟信号的转换,把计算机的数字信号翻译成可沿着普通电话线传送的模拟信号,传输到接收端再将其翻译成数字信号,完成计算机之间的信号转换。

(3)集线器。

集线器又称Hub,它是连接计算机的最简单的网络设备。集线器的主要功能是对接收到的信号进行再生整形放大,以扩大网络的传输距离,同时把所有节点集中在以它为中心的节点上。Hub上常有多个端口,包括10Mb/s、100Mb/s和10/100Mb/s自适应3种规格,外形如图6-7所示。

(4)交换机。

交换机又称交换式Hub(Switch Hub),如图6-8所示。交换机的每个端口都可以获得同样的带宽,如100Mb/s交换机,每个端口都有100Mb/s的带宽,而100Mb/s的Hub则是多个端口共享100Mb/s的带宽。利用以太网交换机还可以很方便地实现虚拟局域网。

(5) 路由器。

路由器是一种连接多个网络或网段的网络设备，外形如图6-9所示。它能完成不同网络或网段之间的数据信息转发，从而使不同网络的主机之间相互访问，是常用来连接局域网或广域网的硬件设备。

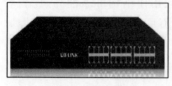
图6-7 集线器

图6-8 交换机

图6-9 路由器

(6) 传输媒体。

传输媒体分为导引型和非导引型两种。

① 导引型传输媒体有双绞线、同轴电缆和光纤，如图6-10所示。双绞线是局域网中常用的传输媒体，分为屏蔽双绞线STP（Shielded Twisted Pair）和无屏蔽双绞线UTP（Unshielded Twisted Pair），可传输模拟信号和数字信号，通信距离一般为几十千米。同轴电缆在局域网发展初期使用，目前主要用于有线电视网络。光纤是新型传输媒体，传输损耗小，中继距离长，抗电磁干扰性强，保密性好，体积小，重量轻，可以提供很高的带宽，现在已广泛地应用在计算机网络的主干线路中。

(a) 双绞线

(b) 同轴电缆

(c) 光纤

图6-10 导引型传输媒体

② 非导引型指无线传输，无须布线，不受固定位置的限制，可实现三维立体通信和移动通信，如短波通信、微波接力通信、卫星通信、红外线传输等。

2. 网络软件系统

网络软件系统主要包括网络通信协议、网络操作系统以及网络应用软件等。下面主要介绍网络通信协议。

(1) 网络通信协议概述。

什么是网络通信协议呢？计算机网络中独立的计算机要做到互相通信，即信息交换，通信双方就必须遵守一些事先约定好的规则，即明确规定了所交换数据的格式以及有关的同步问题的规则、标准或是约定，这些统称为网络通信协议。网络通信协议是计算机网络的核心问题,是通信双方为了实现通信而设计的规则,由以下 3 部分组成。

① 语法:通信时双方交换数据与控制信息的结构或格式。

② 语义:需要发出何种控制信息、完成何种动作以及做出何种响应。

③ 同步:事件实现顺序的详细说明。

计算机网络中的通信协议是如何设计的呢?近代计算机网络采用分层的层次结构,将网络通信协议功能划分成若干较小的问题,将相似的功能划分到同一层来制定协议,这些简单协议的集合称为协议栈,计算机网络的各层及其协议的集合就是计算机网络的体系结构。世界上最著名的网络体系结构有 OSI 参考模型和 TCP/IP 体系结构。

(2) OSI/RM 参考模型。

国际化标准组织(International Standards Organization,ISO)于 1978 年提出了网络国际标准开放系统互连参考模型 OSI/RM(Open System Interconnection Reference Model),简称 OSI。OSI 开放系统模型自下而上共有 7 个层次,如图 6-11 所示。

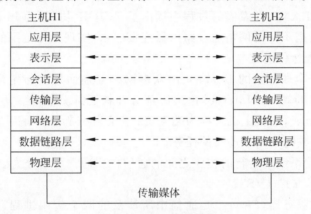

图 6-11　OSI 体系结构

假设主机 H1 和主机 H2 通过一个通信网络传送文件,首先由主机 H1 的应用进程把数据交给本主机的应用层,应用层加上必要的首部控制信息交给下一层表示层,表示层再加上本层的控制信息交给下一层,各层依次添加首部信息,最后交给物理层,物理层通过网络传输媒体透明传输比特流。当这一串比特流到达接收端 H2 的物理层时,接收端的物理层交给数据链路层,数据链路层去掉添加的控制信息后交给上一层,依次递交,最终交给应用层,H2 的应用进程接收到数据。

OSI 模型作为一个完整的体系结构,具有层次分明、概念清楚的优点,但是过于复杂,不实用。目前规模最大的、覆盖全球的 Internet 使用的是 TCP/IP 体系结构作为通信标准。

(3) TCP/IP 体系结构。

TCP/IP 体系结构来源于 Internet,主要目的是实现网络与网络的互连。TCP/IP 体系结构同样采用分层结构,将计算机网络分为应用层、传输层、网络层、网络接口层 4 个层次,如图 6-12 所示。应用层通过应用进程的交互来完成特定的网络应用;传输层通过数据复用和分用技术实现端到端的逻辑通信;网络层实现 Internet 中主

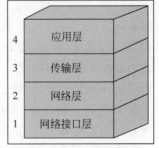

图 6-12　TCP/IP 体系结构

机与主机之间的通信;网络接口层相当于物理层和数据链路层两层的功能,负责接收和发送数据帧,实现两个相邻节点之间的数据传输。随着 Internet 的发展和 TCP/IP 的不断完善,TCP/IP 已成为事实上的互联网国际标准。

6.2 Internet 基础知识

Internet 又称因特网或互联网,是当今世界上最大的计算机网络,是借助现代通信和计算机技术实现全球信息传递的一种快捷、有效、方便的工具。

6.2.1 Internet 的概述

Internet 的前身是 ARPA(美国国防部高级研究计划局)于 1969 年为军事目的而建立的 ARPANet(阿帕网),最初只连接了 4 台主机,目的是将各地的不同计算机以对等通信的方式连接起来。ARPANet 在发展的过程中提出了 TCP/IP 协议,为 Internet 的发展奠定了基础。Internet 负责把不同的网络通过路由器连接起来,实现全球范围的通信和资源共享。

1. Internet 的概念和组成

Internet 是当今全球最大的、开放的、由众多网络互连而成的特定计算机网络,它采用 TCP/IP 族作为通信的规则。Internet 由边缘部分和核心部分组成。边缘部分由所有连接在互联网上的主机组成,这些主机又称为端系统;核心部分起重要作用的是路由器,负责转发网络中的分组,完成网络之间连通的任务。

在网络边缘的端系统中运行的程序之间的通信方式通常可划分为以下两大类。

(1) 客户服务器方式(C/S)。

客户(Client)和服务器(Server)是通信中所涉及的两个应用进程,客户是服务的请求方,服务器是服务的提供方。通信时,客户启动客户进程主动发出请求,服务器的服务器进程被动接受客户的请求并返回给客户请求的内容。服务器可同时接受多个客户的请求,要求它必须具有强大的硬件和软件系统。

(2) 对等方式(P2P)。

两个主机在通信时并不区分哪一个是服务请求方,哪一个是服务提供方,只要两个主机都运行了对等连接软件(P2P 软件),它们就可以进行对等的连接通信。双方都可以下载对方已经存储在硬盘中的共享文档。

网络核心部分的路由器以分组交换的方式完成分组转发。在发送端,先把较长的报文划分成较短的、固定长度的数据段,每一个数据段前面添加首部构成分组,以"分组"作为数据传输单元依次把各分组发送到接收端,接收端收到分组后剥去首部还原成报文。分组交换高效、灵活、迅速、可靠,提高了网络的利用率。

2. Internet 使用的协议

协议指计算机相互通信时使用的标准、规则或约定,Internet 所使用的协议是 TCP/IP 族。TCP 即传输控制协议,实现 Internet 中端到端的可靠传输;IP 即网际协议,负责实现一个网络中的主机和另一个网络中的主机的通信。下面简单介绍 TCP/IP 族的主要协议。

(1) 网络层协议。

① IP(Internet Protocol,网际协议):详细定义了计算机通信应该遵循的规则,其中包

括分组数据包的组成以及路由器的寻址等,其作用是实现不同网络的互连和路由选择。

② ICMP(Internet Control Message Protocol,网络控制报文协议):主要是为了提高IP数据报交付成功的概率而设置的,有差错报告报文和询问报文两种,负责传送分组发送过程中的出错信息并测试主机之间的连通性。

③ ARP(Address Resolution Protocol,地址解析协议):实现IP地址和物理地址的解析。

(2) 传输层协议。

① TCP(Transmission Control Protocol,传输控制协议):通过"超时重传"等机制确保数据端到端的可靠传输,同时有流量控制和拥塞控制策略。

② UDP(User Datagram Protocol,用户数据报协议):提供端到端的不可靠数据传输,可用于实时通信,减少等待时延。

(3) 应用层协议。

① FTP(File Transfer Protocol,文件传输协议):用来实现文件的传输服务。

② Telnet(Remote Login,远程登录协议):提供远程登录服务。

③ HTTP(Hyper Text Transfer Protocol,超文本传输协议):用来实现万维网文档的传输服务。

④ HTTPS(Hyper Text Transfer Protocol over Secure Socket Layer,以安全为目标的HTTP通道):在HTTP的基础上通过传输加密和身份认证保证传输过程的安全性。

⑤ SMTP(Simple Mail Transfer Protocol,简单邮件传送协议):实现邮件传输服务。

⑥ POP3(Post Office Protocol version 3,邮局协议):实现邮件读取功能。

⑦ DHCP(Dynamic Host Configuration Protocol,动态主机配置协议):提供为主机自动分配IP地址服务。

6.2.2 IP地址和域名系统

连接在互联网上的主机相互通信需要在网络中定位标识,给每台主机分配一个唯一地址(即IP地址),IP地址由Internet网络信息中心INTERNIC进行管理和分配。IP协议主要有IPv4协议和IPv6协议两个版本,前者的IP地址为32位,而后者为128位。目前,因特网已广泛使用IPv6协议版本。

1. IPv4

IP地址由32位的二进制数组成。为了读写方便,IP地址使用"点分十进制"的记法,每8位构成一组,每组所能表示的十进制数的范围是0~255,组与组之间用"."隔开。例如,202.198.0.10和10.3.45.24都是合法的IP地址。

(1) IP地址结构。

IP地址由两部分组成:网络号和主机号,如图6-13所示。在Internet网络中,先按IP地址中的网络标识号找到相应的网络,再在这个网络上利用主机ID号找到相应的主机。

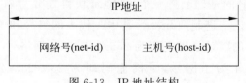

图 6-13 IP地址结构

(2) IP 地址分类。

为了充分利用 IP 地址空间并区分不同类型的网络，Internet 委员会定义了 5 种 IP 地址类型：A、B、C、D、E，见表 6-1。

表 6-1　IP 地址分类

类　型	网　络　号	主　机　号	地　址　范　围
A 类	8 位	24 位	0.0.0.0～127.255.255.255
B 类	16 位	16 位	128.0.0.0～191.255.255.255
C 类	24 位	8 位	192.0.0.0～223.255.255.255
D 类	组播地址		224.0.0.0～239.255.255.255
E 类	保留地址		240.0.0.0～247.255.255.255

① A 类 IP 地址。

A 类 IP 地址用第 1 字节来标识网络号，后面 3 字节用来标识主机号。其中第 1 字节的最高位设为 0，用来与其他 IP 地址类型进行区分。第 1 字节剩余的 7 位用来标识网络号，最多可提供 $2^7-2=126$ 个网络标识号。后 3 字节表示主机号，除去全 0 和全 1 用于特殊用途，每个 A 类网络最多可提供 $2^{24}-2=16777214$ 个主机地址。

A 类 IP 地址支持的主机数量非常大，只有大型网络才需要 A 类地址。由于 Internet 发展的历史原因，A 类地址早已分配完毕。

② B 类 IP 地址。

B 类地址用前 2 字节来标识网络号，后 2 字节标识主机号。其中第 1 字节的最高两位设为 10，用来与其他 IP 地址进行区分，第 1 字节剩余的 6 位和第 2 字节用来标识网络号，最多可提供 $2^{14}-2=16382$ 个网络标识号。这类 IP 地址的后 2 字节为主机号，每个 B 类网络最多可提供大约 $2^{16}-2=65534$ 台主机地址，B 类网络适合中型网络。

③ C 类 IP 地址。

C 类地址用前 3 字节来标识网络号，最后 1 字节标识主机号。其中第 1 字节的最高 3 位设为 110，用来与其他 IP 地址进行区分，第 1 字节剩余的 5 位和第 2、3 字节用来标识网络号，最多可提供 $2^{21}-2=2097150$ 个网络标识号。最后 1 字节用来标识主机号，每个网络最多可提供 $2^8-2=254$ 个主机地址，C 类网络适合小型网络。

④ D 类 IP 地址。

D 类地址是多播地址，支持多目的传输技术。主要是留给 Internet 体系结构委员会使用。

⑤ E 类 IP 地址。

E 类地址为保留地址，留作以后使用。

(3) 子网及掩码。

划分子网即在分类 IP 的基础上将一个 IP 地址块再划分为若干子网，每个子网的网络号长度可用子网掩码(32 位二进制数)表示，其中 1 代表网络号和子网号，0 代表主机号。如 B 类 IP 地址 170.10.0.0 的默认子网掩码为 255.255.0.0，网络号为 16 位，主机号为 16 位，如果将主机号的前 8 位作为子网号，子网掩码即为 255.255.255.0，对应的网络号为 170.10.0.0，但前 24 位为网络号，后 8 位为主机号。

2. IPv6

由于近几年 Internet 上的主机数量增长速度太快,IP 地址逐渐匮乏,为了解决 IPv4 协议面临的地址短缺的问题,新的协议和标准 IPv6 诞生了。IPv6 协议的 IP 地址为 128 位,地址空间是 IPv4 的 2^{96} 倍,能提供超过 3.4×10^{38} 个地址。在今后的 Internet 发展中,几乎可以不用担心地址短缺的问题。

3. 域名系统

由于 IP 地址难以记忆,Internet 引入了域名(Domain Name)的概念。用户可以直接使用域名来访问网络上的计算机,每台主机都有一个全球范围内唯一的域名。

(1) 域名。

域名由一串用点分隔的名字组成,代表 Internet 上某一台计算机的名称。域名采用层次结构,各层次之间用圆点"."作为分隔符,它的层次从左到右逐级升高,其一般格式是"……三级域名.二级域名.顶级域名"。

顶级域名分为国家顶级域名和通用顶级域名两类。几种常见的域名代码如表 6-2 和表 6-3 所示。第二级域名是指顶级域名之下的域名。我国将二级域名划分为"类别域名"和"行政区域名",共有 40 个,如 gov(表示国家政府部门)、edu(表示教育机构)、bj(北京市)、sh(上海市)等。

表 6-2 常用通用顶级域名

com—商业	edu—教育	gov—政府机构
mil—军事部门	org—民间团体或组织	net—网络服务机构

表 6-3 常用国家顶级域名

国家或地区代码	国家或地区名	国家或地区代码	国家或地区名
au	澳大利亚	cn	中国
jp	日本	fr	法国
hk	中国香港	us	美国

(2) 域名系统 DNS。

域名系统 DNS(Domain Name System)是互联网的命名系统,用来实现域名和 IP 地址的解析。在 Internet 上使用域名访问站点时,域名系统首先将域名"翻译"成对应的 IP 地址,然后访问这个 IP 地址。域名解析由分布式的域名服务器完成。

6.2.3 Internet 提供的服务

Internet 是全球最大的互连网络,可提供的服务非常多,并且不断出现新的应用,最主要的服务包括电子邮件(E-mail)服务、WWW(World Wide Web,国内称为万维网)服务、FTP 服务、远程登录等。

1. E-mail

E-mail 又称电子邮箱,是 Internet 上应用最广泛的一项服务。它是一种用电子手段提供信息交换的通信方式。通过电子邮件系统,用户可以用非常低廉的价格(不管发送到哪里,都只需负担网费即可),以非常快速的方式(几秒钟之内可以发送到世界上任何指定的目的地),与世界上任何一个角落的网络用户联系。电子邮件的内容可以是文字、图像、声音等各种形式。同时，用户可以得到大量免费的新闻、专题邮件。

2. WWW 服务

WWW 是基于超文本标记语言（Hyper Text Markup Language, HTML）的联机式的信息服务系统，根据用户的查询需求，从一个主机连接到另一个主机找到相关信息，它的表现形式主要为网页。WWW 服务使用 HTTP 实现客户和万维网服务器的通信，浏览器是万维网的客户。WWW 的出现极大地推动了 Internet 的发展。

3. FTP 服务

FTP 服务允许 Internet 上的用户将一台计算机上的文件传送到另一台计算机上。通常，用户需要在 FTP 服务器中进行注册，即建立用户账号，在拥有合法的用户名（可以是匿名的）和密码（可以不用）后，登录服务器后可以上传和下载文件。Internet 上的一些免费软件、共享软件和资料等大多通过这个渠道发布。目前在浏览器中也可以采用 FTP 服务，访问的格式为"ftp://ftp 服务器地址"，例如"ftp://ftp.microsoft.com"，其中 ftp 代表使用 FTP 协议。

4. 远程登录服务

远程登录（Telnet）是指在网络通信协议 Telnet 的支持下，用户计算机暂时成为远程某一台主机的仿真终端。只要知道远程计算机的域名或 IP 地址、账号和口令，用户就可以通过 Telnet 服务实现远程登录。登录成功后，用户可以使用远程计算机对外开放的功能和资源。

5. 社交网站

社交网站（Social Networking Site, SNS）是近几年发展迅速的互联网应用，其作用是聚集相同爱好或背景的人，依靠电子邮件、即时传信、博客等通信工具实现交流与互动。Facebook 是美国最流行的大型社交网站，据统计，其月度活跃用户可达 11.5 亿人之多。我国目前流行的社交网站如微信，提供收发信息、分享照片视频信息、进行实时语音和视频聊天等功能，还提供支付功能，在日常生活中的应用非常广泛。

除了上述常用的 Internet 服务，还有网上聊天、网络新闻、电子公告板（BBS）、网上购物、电子商务及远程教育服务等。

6.2.4 Internet 的接入技术

随着技术的不断发展，各种 Internet 接入方式应运而生。目前常见的有线接入技术主要有 ADSL 接入、局域网接入和有线电视网接入等。

1. ADSL 接入

ADSL 是非对称数字用户线路（Asymmetric Digital Subscribe Line）的简称，是一种通过电话线提供宽带数据业务的技术，这一技术比较成熟，发展较快。ADSL 是一种非对称的 DSL 技术，所谓非对称是指用户线的上行速率与下行速率不同，上行速率低，下行速率高，特别适合传输多媒体信息业务。通常 ADSL 接入在有效传输距离 3~5 千米内可以提供最高 640kb/s 的上行速率和最高 8Mb/s 的下行速率，第二代 ADSL 的上行速率可达 800kb/s，下行速率可达 16~25Mb/s。

目前 ADSL 上网主要采用 ADSL 虚拟拨号接入，除了计算机外，使用 ADSL 接入 Internet 需要的设备包括一台 ADSL MODEM、一个 ADSL 分离器和一条电话线。

2. 局域网接入

所谓局域网接入,是指计算机通过局域网接入 Internet。目前,新建住宅小区或商务楼流行局域网接入,通常使用 FTTx(Fiber To The x,光纤接入)＋LAN 方式,网络服务商采用光纤接入大楼或小区的中心交换机,再通过调制解调器进行光电转换,然后通过双绞线接入用户家里,这样可以为整栋楼或小区提供更大的共享带宽。

根据光纤深入用户群的距离来分类,光纤接入网分为 FTTC(光纤到路边)、FTTZ(光纤到小区)、FTTB(光纤到楼)、FTTO(光纤到办公室)和 FTTH(光纤到户),它们统称为 FTTx。

3. 有线电视网接入

有线电视网接入也即 Cable MODEM(线缆调制解调器)接入,是指利用 Cable MODEM 将计算机接入有线电视网。有线电视网目前多数采用光纤同轴混合网(HFC)模式,HFC 采用光纤做传输干线,同轴电缆作分配传输网,即在有线电视前端将 CATV(有线电视)信号转换成光信号后用光纤传输到服务小区(光节点)的光接收机,由光接收机将其转换成电信号后再用同轴电缆传到用户家中,连接到光节点的典型用户数为 500 户,不超过 2000 户。

使用 Cable MODEM 通过有线电视上网,传输速率可达 10～36Mb/s。除了实现高速上网外,还可实现可视电话、电视会议、远程教学、视频在线点播等服务,实现上网、看电视两不误,成为事实上的信息高速公路。

6.3 Internet 应用

6.3.1 WWW 信息资源和浏览器的使用

WWW 信息服务是使用客户/服务器方式进行的,客户指用户的浏览器,最常用的是 IE(Internet Explorer)浏览器,服务器指所有储存万维网文档的主机,称为 WWW 服务器或 Web 服务器。

1. WWW 信息资源

(1) 统一资源定位符 URL。

URL(Uniform Resources Locator,统一资源定位系统)用来标识万维网上的各种文档,表示从互联网得到的资源位置和访问这些资源的方法。URL 由四部分组成:协议、主机域名、端口和路径。其中协议为因特网使用的文件传输协议,常用的是 FTP、HTTP 协议,端口为 80(通常省略),路径也可以省略。以下是一些 URL 的例子:

http://www.baidu.com

http://www.pku.edu.cn/about/index.htm

(2) 超文本传输协议 HTTP。

HTTP 协议定义了浏览器向万维网服务器请求万维网文档使用的报文格式、操作方法和请求报文类型,以及服务器收到请求之后返回响应的状态及客户所需文档传递的格式与命令。HTTP 有两个版本 HTTP 1.0 和 HTTP 1.1,目前 IE 浏览器默认使用 HTTP 1.1。

2. 搜索引擎

常用的浏览器有 IE、Firefox、Google Chrome 和 360 安全浏览器等。微软公司开发的

IE 浏览器是 Windows 系统自带的浏览器,也是目前使用率最高的浏览器。搜索引擎是万维网中用来搜索信息的工具,依据一定的算法和策略,根据用户提供的关键词搜索相关内容,为用户提供检索服务,从而起到信息导航的目的,也被称为"网络门户"。常用的全球最大的搜索引擎是 Google,中国著名的搜索引擎是百度。打开 IE 浏览器,其默认搜索引擎即百度,如图 6-14 所示。

图 6-14 百度主页

3. 网页搜索和浏览

(1) 启动 IE 浏览器。

在 Windows 10 中,启动 IE 浏览器的方法有多种,可以单击"开始"按钮,选择"Windows 附件"→"Internet Explorer"菜单项,也可以双击桌面上的 IE 浏览器快捷方式图标,或单击快速启动工具栏中的 IE 浏览器图标。IE 浏览器工作界面如图 6-14 所示。它与常用的应用程序相似,有标题栏、菜单栏、工具栏、工作区及状态栏等。

(2) 浏览页面内容。

搜索网站有两种方式。第一种方式,每一个网站或网页都有一个网址,可以在地址栏输入要访问网页的网址,单击转到按钮或者按 Enter 键即可,该种方式适合访问者知晓要访问页面地址的情况。第二种方式,在默认的搜索引擎中输入要访问的网页的名称,该种方法更适合日常搜索。例如,可在搜索框中输入"一带一路官网"几个字,如图 6-15 所示,然后单击"百度一下"按钮或按 Enter 键即可。

(3) 保存网页和图片。

① 保存网页。若想在无 Internet 的情况下也能浏览网页,可将网页保存到自己的计算机硬盘中,IE 允许以 HTML 文档、文本文件等多种格式保存网页。具体操作步骤如下。

打开需要保存的网页,选择"文件"→"另存为"命令,如图 6-16 所示。弹出"保存网页"对话框,首先选择保存位置,然后在"文件名"下拉列表中输入指定的文件名,如"中国一带一路网.htm";在"保存类型"下拉列表中选择"网页,全部(*.htm;*.html)",如图 6-17 所示。

② 对于网页上的一些图片,如果用户喜欢,可以将其单独保存到计算机中。保存图片的步骤如下。

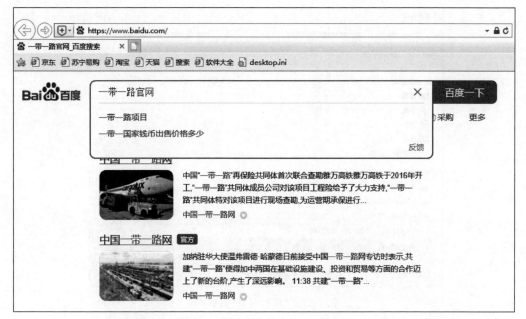

图6-15 搜索"一带一路"网站

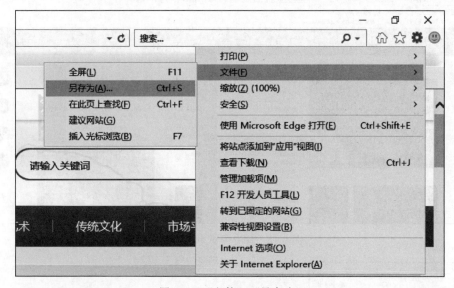

图6-16 "文件"→"另存为"

在需要保存的图片上右击,在弹出的菜单中选择"图片另存为"命令,如图6-18所示。在弹出的对话框中选择图片的保存路径,填写图片的保存名称,单击"保存"按钮,即可将图片保存到指定的位置。

(4) 将网页添加到收藏夹。

利用 IE 浏览器的"收藏"功能可以将感兴趣的网页收藏起来,方便以后查阅和浏览。打开"一带一路"网站后,单击地址栏右侧的五角星★后,弹出对话框,如图6-19所示。在弹出的对话框中,单击"添加到收藏夹"按钮,在添加收藏对话框中,可以设置"名称"和"创建位置"属性,设置完成后,单击"添加"按钮,即可完成收藏,如图6-20所示。

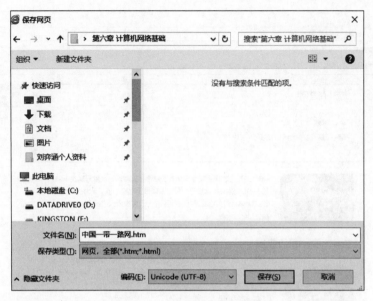

图 6-17 "保存网页"对话框

图 6-18 保存网页中的图片

图 6-19 单击五角星后弹出的对话框

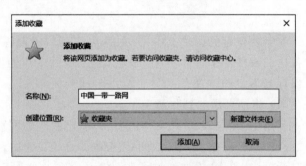

图 6-20 "添加收藏"对话框

6.3.2 电子邮件

电子邮件是一种用电子手段提供文字、图像、声音等多种形式的信息交换的通信方式，方便、快速、不受地域或时间的限制、费用低廉，极大地方便了人与人之间的沟通与交流，促进了社会的发展。

1. 电子邮件的概念

电子邮件英文全称为 Electronic Mail，是一种用电子手段提供信息交换的通信方式，也是 Internet 应用最广的服务。类似于现实生活中邮件的传递方式，电子邮件采用存储转发的方式进行传递，发件人使用用户代理撰写电子邮件，然后发送到自己邮箱所在的邮件服务器上，邮件服务器存储下来，再根据电子邮件地址把邮件发送到接收方邮箱所在的邮件服务器上，邮件服务器将邮件放入用户邮箱中，等待用户方便的时候读取邮件。

电子邮件系统由三部分组成：用户代理、邮件服务器和协议。

(1) 用户代理：用来完成电子邮件的撰写、发送和读取的客户端软件，即用户用来写信的软件，如 Windows 系统中的 Microsoft Outlook 就是常用的用户代理。

(2) 邮件服务器：包括邮件发送服务器和邮件接收服务器。邮件发送服务器是专门用于发送邮件的服务器，用户首先通过用户代理将邮件发送到邮件发送服务器上，然后该服务器根据邮件地址发送邮件到邮件接收服务器上。邮件接收服务器将接收到的邮件存储到用户的邮箱中，等待用户读取。

(3) 协议：包括 SMTP 和 POP3(或 IMAP)。SMTP 是简单邮件发送协议，用来制定邮件发送服务器根据邮件中收信人的地址将邮件传递给对方接收服务器上的规则和命令。POP3 是邮件接收协议，专门用于接收由其他邮件发送服务器所传递的邮件。

电子邮件由内容和信封两部分组成，信封中最重要的是收件人的地址，电子邮件按照收件人的地址发送邮件。

电子邮件地址的通用格式为"用户名@主机域名"。用户名代表收件人在邮件服务器上的邮箱，用户可以免费申请，通常要求 6~18 个字符，包括字母、数字和下画线等，以字母开头且不区分大小写。用户的邮箱名在该邮件服务器上必须唯一。

主机域名是指提供电子邮件服务的主机的域名，代表邮件服务器。例如"liming@163.com"就是一个电子邮件地址，它表示在域名为"163.com"的邮件服务器上有一个用户名为 liming 的电子邮件账户。

2. 使用 Microsoft Outlook 管理电子邮件

目前电子邮件的用户代理客户机软件很多，如 Foxmail、金山邮件、Outlook 等。

目前 Outlook for Windows 最新版为 2021 版。首先，它简化了账户间的切换。在该应用中，可协调多种电子邮箱账户和日历，在不同的电子邮箱账户间实现发送、接收和切换，主要包括 Outlook、Gmail、Yahoo、iCloud 等邮箱。其次，邮件撰写更高效。在撰写邮件时，其内置的 AI 可智能为用户检测邮件存在的语法错误，并为邮件内容进行润色。此外，其还提供了 50 个主题的收件箱显示风格，可满足用户个性化的设置需求。

【例 6.1】 接收并阅读 875707802@qq.com 发来的 E-mail，将此邮件地址保存到通讯录中，姓名输入"张栋梁"，并新建一个联系人分组，分组名字为"小学同学"，将张栋梁加入此分组中。

【操作解析】

(1) 接收邮件。

使用 Outlook 接收电子邮件的具体方法如下。

① 启动 Outlook 后,在主界面左侧窗格中会显示已添加的账户,如"jsj_swsm@163.com",单击"收件箱"按钮,中间窗格列出收到邮件的列表,右部是邮件的预览区,如图 6-21 所示。

图 6-21　Outlook 收件箱

② 双击中间窗格邮件列表区中需要阅读的邮件,则右窗格显示邮件内容,如图 6-22 所示。

图 6-22　右窗格显示的邮件内容

(2) 添加联系人到通讯录。

在邮件内容显示区域,最上面一行显示的即为发件人的邮箱地址。可将该邮箱保存到通讯录里便于以后联系。具体的步骤如下。

① 单击右侧邮件内容中的收件人邮箱地址,会弹出新对话框,如图 6-23 所示。将选项

卡切换到"联系人",单击该页面最下面的"添加到联系人"按钮。设置姓名、邮箱、电话等信息,如图 6-24 所示。

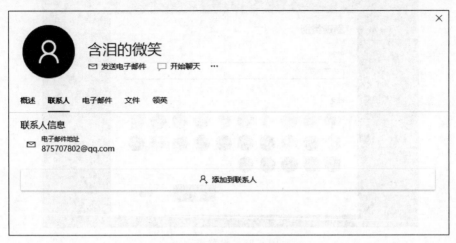

图 6-23　联系人选项卡

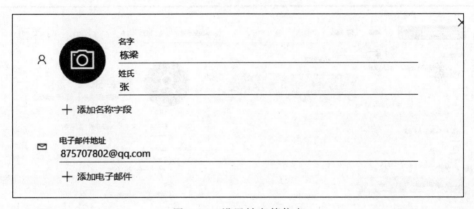

图 6-24　设置姓名等信息

② 将图 6-24 所示的页面继续向下拉,单击"分类"→"添加类别"命令,设置类别名称为"小学同学",如图 6-25 所示。

③ 设置完成后,可以单击右侧"人员"→"类别"选项,查看已添加人员的信息,如图 6-26 所示。

【例 6.2】　接收并阅读由 wudi19880505@163.com 发来的 E-mail,将随信发来的附件以文件名"邀请函.pdf"保存到例 6.2 文件夹下;回复该邮件,回复内容为"学生会的同学:你好!邀请函已收到,我会准时参加,谢谢。李明";将发件人添加到通讯录中,并在其中的"电子邮件地址"栏填写"wudi19880505@163.com","名字"栏填写"院学生会",其余栏目缺省。

【操作解析】

(1) 撰写与发送邮件的步骤如下。

① 当收到的邮件带有附件时,右窗格的邮件图标右侧会列出附件的名称。单击附件,即弹出附件的具体信息,如图 6-27 所示。单击右下角的下载按钮,在打开的"下载"对话框中指定下载路径,然后单击"下载"按钮,即可把附件下载到计算机中指定的位置。

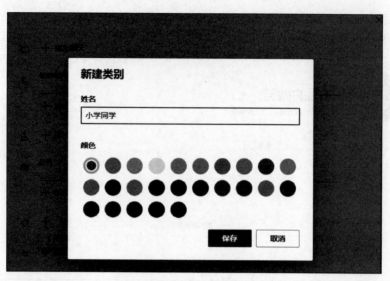

图 6-25　设置类别

图 6-26　在通讯录中查看类别

图 6-27　下载附件

② 如图 6-28 所示，查阅完邮件后，单击"答复"按钮，输入回复内容，完成所有操作后，单击"发送"按钮，如图 6-29 所示，即可将邮件发送到指定邮箱。

图 6-28　回复邮件

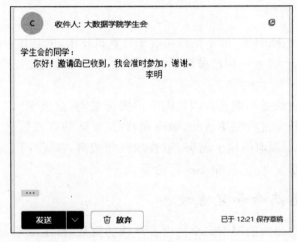

图 6-29　撰写并发送邮件

（2）添加联系人到通讯录。

将学生会同学的邮箱添加到通讯录，请参考例 6.1，在此不再赘述。

6.4　网络安全

随着网络通信及其应用的日益普及，网络病毒对信息安全的威胁也日益增加。了解并掌握必备的网络安全知识，有助于解决日常生活中棘手的网络问题；掌握必要的病毒防范措施，有助于个人信息的防护。

6.4.1　网络病毒和黑客概述

1. 网络病毒

在《中华人民共和国计算机信息系统安全保护条例》中，计算机病毒的定义是"编制或者在计算机程序中插入的破坏计算机功能或者毁坏数据，影响计算机使用，并能自我复制的一组计算机指令或者程序代码"。而网络病毒则着重指在计算机网络环境下进行传播的计算机病毒,其一般利用操作系统中的漏洞,或者通过电子邮件和恶意网页等方式进行传播。网络病毒主要包括蠕虫病毒和木马病毒。

(1) 蠕虫病毒。

蠕虫是一种可以自我复制的代码,通过网络传播,通常无须人为干预就能传播。蠕虫病毒入侵并完全控制一台计算机之后,就会把这台机器作为宿主,进而扫描并感染其他计算机。当这些新的被蠕虫入侵的计算机被控制之后,蠕虫会以这些计算机为宿主继续扫描并感染其他计算机,这种行为会一直延续下去。蠕虫使用这种递归的方法进行传播,按照指数增长的规律分布自己,进而及时控制越来越多的计算机。

(2) 木马病毒。

特洛伊木马(简称木马)是隐藏在系统中的用以完成未授权功能的非法程序,是黑客常用的一种攻击工具,它伪装成合法程序植入系统,对计算机网络安全构成严重威胁。区别于其他恶意代码,木马不以感染其他程序为目的,一般也不使用网络进行主动复制传播。

2. 网络黑客

黑客最早源自英文 Hacker,最早是指热心于计算机技术,电脑技术高超的人,尤其是程序设计人员。但到今天,黑客一词已被用于泛指通过互联网采用非正常手段入侵他人计算机系统的一类人。

黑客攻击网络的方法是不断寻找因特网上的安全漏洞,乘虚而入。黑客主要通过掌握的计算机技术和网络技术进行犯罪活动,如窥视政府、军队的机密信息,企业内部的商业机密,个人的隐私资料等;截取信用卡密码,以盗取巨额资金;攻击网上服务器,或取得其控制权,继而修改、删除重要文件,发布不法言论等。

6.4.2 防范网络病毒和黑客攻击

网络病毒和黑客的出现给网络安全提出了严峻的挑战,解决问题最重要的一点就是树立"预防为主,防治结合"的思想,树立网络安全意识,防患于未然,积极地预防黑客的攻击和入侵。

1. 防范措施

(1) 正确配置网络和每台计算机,注意安全权限等关键配置,防止因配置疏忽留下漏洞而给病毒可乘之机。

(2) 对于不需要或不安全的功能性应用程序,尽量不安装或者关闭。

(3) 购买并安装正版的具有实时监控功能的杀毒卡或反病毒软件,时刻监视系统的各种异常并及时报警,以防病毒的入侵。

(4) 要经常从相关网站下载补丁程序,及时完善系统和应用程序,尽量减少系统和应用程序漏洞。

2. 设置防火墙

防火墙是指设置在不同网络之间的一系列部件的组合。它可通过检测、限制、更改跨越防火墙的数据流,尽可能地对外部屏蔽网络内部的信息、结构和运行状况,以此来实现网络安全保护。

在逻辑上,防火墙既是一个分离器,也是一个限制器,还是一个分析器,有效地控制了内部网和 Internet 之间的任何活动,保证了内部网络的安全。典型的防火墙具有以下 3 方面的基本特征。

(1) 内部、外部网络之间的所有网络数据流都必须经过防火墙。
(2) 只有符合安全策略的数据流才能够通过防火墙。
(3) 防火墙自身具有非常强的抗攻击能力。

3. 安装正版杀毒软件

杀毒软件又称反病毒软件,是用于消除计算机病毒和恶意软件等,保护计算机安全的一类软件的总称。杀毒软件可以对资源进行实时监控,阻止外来侵袭。杀毒软件通常集成了病毒监控、识别、扫描和清除及病毒库自动升级等功能。杀毒软件的任务是实时监控和扫描磁盘,其实时监控方式因软件而异。有的杀毒软件是通过在内存中划分一部分空间,将计算机中流过内存的数据与杀毒软件自身所带的病毒库的特征相比较,以判断是否为病毒。另一些杀毒软件则在所划分到的内存空间中,虚拟执行系统或用户提交的程序,根据行为或结果做出判断。部分杀毒软件通过在系统添加驱动程序的方式进驻系统,并且随操作系统启动。大部分的杀毒软件还具有防火墙功能。

由于计算机病毒种类繁多,新病毒又在不断出现,病毒对杀毒软件来说永远是超前的,清除病毒的工作具有被动性。因此,切断病毒的传播途径,防止病毒的入侵比清除病毒更重要。

习 题 6

【习题 6.1】(实验 6.1) 上网基本操作

(1) 在浏览器中打开 https://baike.so.com/doc/5340576-5576019.html 的主页,浏览"李白"页面,将页面中"李白"的图片保存到习题 6.1 文件夹下,命名为"李白.jpg",浏览"代表作"的页面内容并将它以 PDF 文件的格式保存到习题 6.1 文件夹下,命名为"李白代表作.pdf"。

(2) 给王军同学(wj@mail.cumtb.edu.cn)发送 E-mail,同时将该邮件抄送给李明老师(lm@sina.com)。

① 邮件内容为"王军:你好!现将资料发送给你,请查收。赵华"。
② 将习题 6.1 文件夹下的李白.jpg 和李白代表作.pdf 两个文件,作为附件一同发送。
③ 邮件的"主题"栏中填写"诗仙李白"。

(3) 在网站主页地址栏中输入"https://baike.so.com/doc/6023126-6236123.html",按 Enter 键,打开此主页后,浏览"绍兴名人"页面,查找介绍"鲁迅"的页面内容,将页面中鲁迅的照片保存到习题 6.1 文件夹下,命名为"LUXUN.jpg",并将此页面的内容以 pdf 文件的格式保存到习题 6.1 文件夹下,命名为"LUXUN.pdf"。

(4) 向 wanglie@mail.neea.edu.cn 发送邮件并抄送 jxms@mail.neea.edu.cn,邮件内容为"王老师,根据学校要求,请按照附件表格要求统计学院教师任课信息,并于 3 日内返回,谢谢!",同时将文件"统计.xlsx"作为附件一并发送,将收件人 wanglie@mail.neea.edu.cn 保存至通讯录,联系人"名字"栏填写"王列"。

(5) 压缩软件的使用。

① 若计算机中没有安装 WinRAR 软件,则下载并安装。
② 利用 WinRAR 软件压缩任意一个文件夹。
③ 利用 WinRAR 软件解压缩任意一个压缩文件包。
(6) 云服务的使用。
① 查询常用云服务的网址。
阿里云:_____。
腾讯云:_____。
华为云:_____。
② 了解申请一个云服务器所需要的参数。
(7) 网盘的使用。
① 查询常用网盘的网址。
百度网盘:_____。
360 网盘:_____。
② 申请一个百度网盘。
③ 上传任意一个文件分享给同学。
④ 下载相邻同学分享的文件。

【习题 6.2】(理论)单项选择题
(1) 计算机网络的主要功能是实现(　　)。
　　　A. 数据处理　　　　　　　B. 文献检索
　　　C. 信息传输和资源共享　　D. 信息传输
(2) 若要将计算机与局域网连接,则至少需要具有的硬件是(　　)。
　　　A. 集线器　　　B. 网关　　　C. 网卡　　　D. 路由器
(3) 下列哪个协议是用来传输文件的协议?(　　)
　　　A. FTP　　　　B. DNS　　　C. SMTP　　　D. PPP
(4) 下列哪个协议是用来发送邮件的协议?(　　)
　　　A. FTP　　　　B. DNS　　　C. SMTP　　　D. PPP
(5) 关于电子邮件的说法,不正确的是(　　)。
　　　A. 电子邮件的英文简称是 E-mail
　　　B. 加入因特网的每个用户都可以免费申请电子邮箱
　　　C. 在计算机上申请的电子邮箱,以后只有通过这台计算机上网才能收信
　　　D. 一个人可以申请多个电子邮箱
(6) Internet 中,不同网络的计算机相互通信的协议是(　　)。
　　　A. ATM　　　　B. TCP/IP　　C. Novell　　　D. X.25
(7) 通常网络用户使用的电子邮箱建在(　　)。
　　　A. 用户的计算机上　　　　B. 发件人的计算机上
　　　C. ISP 的邮件服务器上　　D. 收件人的计算机上
(8) E-mail 地址的格式是(　　)。
　　　A. 用户名@域名　　　　　B. 用户名.域名
　　　C. 主机名@域名　　　　　D. 主机名.域名

(9) WWW 的中文名称是( )。
   A. 互联网　　　　B. 万维网　　　　C. 教育网　　　　D. 数据服务网
(10) 下列说法中,正确的是( )。
   A. 域名服务器(DNS)中存放 Internet 主机的 IP 地址
   B. 域名服务器(DNS)中存放 Internet 主机的域名
   C. 域名服务器(DNS)中存放 Internet 主机域名与 IP 地址的对照表
   D. 域名服务器(DNS)中存放 Internet 主机的电子邮件的地址

参 考 文 献

[1] 冯祥胜,朱华生.大学计算机基础[M].北京:电子工业出版社,2019.
[2] 宋晓明,张晓娟.计算机基础案例教程[M].2版.北京:清华大学出版社,2020.
[3] 唐燕.零基础PPT高手养成笔记[M].北京:中国科学技术出版社,2020.
[4] 吴微.计算机基础应用教程[M].北京:人民邮电出版社,2018.
[5] 段红,刘宏,赵开江.计算机应用基础(Windows 10+Office 2016)[M].北京:清华大学出版社,2018.
[6] 余婕.Office 2016高效办公[M].北京:电子工业出版社,2017.
[7] 许倩莹.新编Office 2016从入门到精通[M].北京:人民邮电出版社,2016.
[8] 李俭霞.中文版Office 2016三合一办公基础教程[M].北京:北京大学出版社,2010.
[9] 甘勇.大学计算机基础[M].北京:高等教育出版社,2018.
[10] 陈亮,薛纪文.大学计算机基础教程[M].2版.北京:高等教育出版社,2019.
[11] 刘文香.中文版Office 2016大全[M].北京:清华大学出版社,2017.
[12] 刘世勇,罗立新.计算机应用基础[M].北京:清华大学出版社,2018.
[13] 游琪,张广云.Dreamweaver CC网页设计与制作[M].北京:清华大学出版社,2019.
[14] 刘宏烽.计算机应用基础教程[M].北京:清华大学出版社,2018.
[15] 马晓荣.PowerPoint 2016幻灯片制作案例教程[M].北京:清华大学出版社,2019.
[16] 龚沛曾,杨志强.大学计算机基础简明教程[M].3版.北京:高等教育出版社,2021.